工程质量安全手册实施细则系列丛书

工程实体质量控制实施细则与质量管理资料

（钢结构工程、装配式混凝土工程）

中国工程建设标准化协会建筑施工专业委员会
北京土木建筑学会　组织编写
北京万方建知教育科技有限公司
吴松勤　高新京　主编

中国建筑工业出版社

图书在版编目（CIP）数据

工程实体质量控制实施细则与质量管理资料（钢结构工程、装配式混凝土工程）/吴松勤，高新京主编. —北京：中国建筑工业出版社，2019.3
（工程质量安全手册实施细则系列丛书）
ISBN 978-7-112-23263-5

Ⅰ. ①工… Ⅱ. ①吴… ②高… Ⅲ. ①钢结构-建筑工程-质量控制-细则-中国 ②钢结构-建筑工程-质量管理-资料-中国 ③装配式混凝土结构-建筑工程-质量控制-细则-中国 ④装配式混凝土结构-建筑工程-质量管理-资料-中国 Ⅳ. ①TU712.3

中国版本图书馆 CIP 数据核字（2019）第 023395 号

本书严格按照《工程质量安全手册》编写，共 2 篇 6 章，上篇是工程质量保障措施，包括钢结构工程质量控制，装配式混凝土工程质量控制；下篇是工程质量管理资料范例，包括建筑材料进场检验资料，施工试验检测资料，施工记录，质量验收记录中使用的大量表格。

本书内容实用，指导性强，可供工程建设单位、监理单位、施工单位及质量安全监督机构的技术人员和管理人员使用。

责任编辑：刘 江 范业庶 万 李
责任校对：芦欣甜

工程质量安全手册实施细则系列丛书
工程实体质量控制实施细则与质量管理资料
（钢结构工程、装配式混凝土工程）
中国工程建设标准化协会建筑施工专业委员会
北京土木建筑学会 组织编写
北京万方建知教育科技有限公司
吴松勤 高新京 主编

*

中国建筑工业出版社出版、发行（北京海淀三里河路 9 号）
各地新华书店、建筑书店经销
霸州市顺浩图文科技发展有限公司制版
天津安泰印刷有限公司印刷

*

开本：787×1092 毫米 1/16 印张：13 字数：323 千字
2019 年 4 月第一版 2019 年 4 月第一次印刷
定价：**40.00** 元
ISBN 978-7-112-23263-5
（33567）

本书编写委员会

组织编写： 中国工程建设标准化协会建筑施工专业委员会

北京土木建筑学会

北京万方建知教育科技有限公司

主　　编： 吴松勤　高新京

副 主 编： 杜　健　桂双云

参编人员： 张瑞军　吴　洁　王海松　赵　键　郭晓辉

刘阳阳　刘　朋　邹宏雷　薛万龙　周海军

出版说明

为深入开展工程质量安全提升行动，保证工程质量安全，提高人民群众满意度，推动建筑业高质量发展，2018 年 9 月 21 日住房城乡建设部发出了《住房城乡建设部关于印发〈工程质量安全手册（试行）〉的通知》（建质〔2018〕95 号），文件要求："各地住房城乡建设主管部门可在工程质量安全手册的基础上，结合本地实际，细化有关要求，制定简洁明了、要求明确的实施细则。要督促工程建设各方主体认真执行工程质量安全手册，将工程质量安全要求落实到每个项目、每个员工，落实到工程建设全过程。要以执行工程质量安全手册为切入点，开展质量安全'双随机、一公开'检查，对执行情况良好的企业和项目给予评优评先等政策支持，对不执行或执行不力的企业和个人依法依规严肃查处并曝光。"

为宣传贯彻落实《工程质量安全手册》（以下简称《手册》），2018 年 10 月 25 日住房城乡建设部在湖北省武汉市召开工程质量监管工作座谈会，住房城乡建设部相关领导出席会议。北京、天津、上海、重庆、湖北、吉林、宁夏、江苏、福建、山东、广东 11 个省（自治区、市）住房城乡建设主管部门有关负责同志参加座谈会。

会议认为，质量安全工作永远在路上，需要大家共同努力、抓实抓好。一要统一思想、提高站位，充分认识推行《手册》制度的重要性、必要性。推行《手册》制度是贯彻落实党中央、国务院决策部署的重要举措，是建筑业高质量发展的重要内容，是提升工程质量安全管理水平的有效手段。二要凝聚共识、精准施策，积极推进《手册》落到实处。要坚持项目管理与政府监管并重、企业责任与个人责任并重、治理当前问题与夯实长远基础并重，提高项目管理水平，提升政府监管能力，强化责任追究。三要牢记使命、勇于担当，以执行《手册》为着力点，改革和完善工程质量安全保障体系。按照"不立不破、先立后破"的原则，坚持问题导向，强化主体责任、完善管理体系，创新市场机制、激发市场主体活力，完善管理制度、确保建材产品质量，改革标准体系、推进科技创新驱动，建立诚信平台、推进社会监督。

会议强调，各地要结合本地实际制定简洁明了、要求明确的实施细则，先行先试，样板引路。要狠下功夫，抓好建设单位和总承包单位两个主体责任落实。要解决老百姓关心的住宅品质问题，切实提升建筑品质，不断增强人民群众的获得感、幸福感、安全感。要严厉查处违法违规行为，加大对人员尤其是注册执业人员的处罚力度。要大力培育现代产业工人队伍，总承包单位要培养自有技术骨干工人。要加大建筑业改革闭环管理力度，重点抓好总承包前端和现代产业工人末端，促进建筑业高质量发展。要加大危大工程管理力度，采取强有力手段，确保"方案到位、投入到位、措施到位"，有效遏制较大及以上安全事故发生。

为配合《工程质量安全手册》的贯彻实施，我社委托中国工程建设标准化协会建筑施工专业委员会、北京土木建筑学会、北京万方建知教育科技有限公司组织有关专家编写了这套《工程质量安全手册实施细则系列丛书》，方便工程建设单位、监理单位、施工单位及质量安全监督机构的技术人员和管理人员学习参考。丛书共分为 9 个分册，分别是：《工程质量安全管理与控制细则》、《工程实体质量控制实施细则与质量管理资料（地基基础工程、防水工程）》、《工程实体质量控制实施细则与质量管理资料（混凝土工程）》、《工程实体质量控制实施细则与质量管理资料（钢结构工程、装配式混凝土工程）》、《工程实体质量控制实施细则与质量管理资料（砌体工程、装饰装修工程）》、《工程实体质量控制实施细则与质量管理资料（建筑电气工程、智能建筑工程）》、《工程实体质量控制实施细则与质量管理资料（给水排水及采暖工程、通风与空调工程）》、《工程实体质量控制实施细则与质量管理资料（市政工程）》、《建设工程安全生产现场控制实施细则与安全管理资料》。

本丛书严格遵照《工程质量安全手册》的具体规定，依据国家现行标准，从控制目标、保障措施等方面制定简洁明了、要求明确的实施细则，内容实用，指导性强，方便工程建设单位、监理单位、施工单位及质量安全监督机构的技术人员和管理人员学习参考。

目　　录

上篇　工程质量保障措施

下篇 工程质量管理资料范例

工程质量保障措施

Chapter 01

钢结构工程质量控制

1.1 焊工持证上岗

《工程质量安全手册》第 3.4.1 条：

焊工应当持证上岗，在其合格证规定的范围内施焊。

实施细则：

1.1.1 持证上岗要求

1.1.1.1 质量目标

焊工必须经考试合格并取得合格证书。持证焊工必须在其考试合格项目及其认可范围内施焊。

检查数量：全数检查

检验方法：检查焊工合格证及其认可范围、有效期。

注：本内容参照《钢结构工程施工质量验收规范》GB 50205—2001 第 5.2.2 条规定。

1.1.1.2 质量保证措施

1. 钢结构焊接工程相关人员的资格规定

焊工应按所从事钢结构的钢材种类、焊接节点形式、焊接方法、焊接位置等要求进行技术资格考试，并取得相应的资格证书，其施焊范围不得超越资格证书的规定。

注：本内容参照《钢结构焊接规范》GB 50661—2011 第 3.0.4 条规定。

2. 焊工技术资格认证

（1）一般规定

1）凡从事钢结构制作和安装施工的焊工和焊接机械操作工，均应按照本标准进行理论知识和操作技能考试，认证合格者，方可从事与认证资格相符的焊接操作。

2）焊工应经过理论知识考试合格后方可参加操作技能考试。操作技能考试应包括熔化焊手工操作基本技能考试、附加项目考试、定位焊操作技能考试和焊接机械操作技能考试。通过熔化焊手工操作基本技能考试和附加项目考试的焊工，同时也具备了相应条件下定位焊的操作资格。

3）除另有要求外，考试用试件在焊接前后不得进行热处理、锤击、预热、后热等处理。试件坡口及表面应光洁平整且无油污、水分和锈蚀等。

4）焊前试板应打上焊工代码钢印和考试项目标识。水平固定或45°固定的管子试件，应在试件上标注焊接位置的钟点标记。

5）考试用的焊条、焊剂应按规定进行烘干，随用随取。焊丝必须清除油污、锈蚀等污物。

6）焊工应独立完成各项焊接操作，并应根据已经评定合格的焊接工艺参数进行焊接。焊接过程应符合下列规定：

① 焊条电弧焊宜使用直径为3.2mm的焊条进行定位焊；水平固定或45°固定的管子试件，定位焊缝不得在“6点”标记处；

② 焊接开始后不得随意更换试件，不得改变焊接方向和焊接位置；

③ 向下焊管子试件的焊接，应按钟点标记位置从“12点”处起弧，“6点”处收弧；

④ 除特殊要求外，单面坡口和双面坡口要求全焊透的焊缝，应进行清根和清根后打磨；

⑤ 不得对道间和表面焊缝进行打磨或修补；

⑥ 手工操作的试件，作为无损检测的重点，第一层焊缝中至少应有一个停弧再焊的接头，并应标明断弧位置；焊接机械操作的试件，中间不得有停弧再焊接头；

⑦ 焊后应将焊渣、飞溅等清除干净。

（2）考试内容和分类

1）理论知识考试应以焊工必须掌握的基础知识及安全知识为主要内容，并应按申报的焊接方法、类别对应出题。理论知识考试应包括下列内容：

① 焊接安全知识；

② 焊缝符号识别能力；

③ 焊缝外形尺寸要求；

④ 焊接方法表示代号；

⑤ 钢结构的焊接质量要求；

⑥ 申报认证的焊接方法的特点、焊接工艺参数、操作方法、焊接顺序及其对焊接质量的影响；

⑦ 申报认证的钢材类别的型号、牌号和主要合金成分、力学性能及焊接性能；

⑧ 与钢材相匹配的焊接材料型号、牌号及使用和保管要求；

⑨ 焊接设备、装备名称、类别、使用及维护要求；

⑩ 焊接质量保证，焊接缺欠分类及定义、形成原因及防止措施；

⑪ 焊接热输入的计算方法及热输入对焊接接头性能的影响；

⑫ 焊接应力、变形产生原因及防止措施；

⑬ 焊接热处理知识；

⑭ 栓钉焊的焊接技术和质量要求。

2）操作技能考试分类及认可范围应符合表1-1的规定。

3）焊接操作技能考试施焊位置分类及代号应符合表1-2及图1-1～图1-4的规定。

操作技能考试分类及认可范围　　表 1-1

考试分类	焊接方法分类	代号	类别号	认可范围
焊工手工操作基本技能评定 焊工手工操作技能附加项目评定 焊工定位焊操作技能评定	焊条电弧焊	SMAW	1	1
	实心焊丝 CO_2 气体保护焊	GMAW-CO_2	2-1	2-1,2-3
	实心焊丝 80%Ar+20%CO_2 气体保护焊	GMAW-Ar	2-2	2-1,2-2,2-3
	药芯焊丝 CO_2 气体保护焊	FCAW-G	2-3	2-1,2-3
	药芯焊丝自保护焊	FCAW-SS	3	3
	非熔化极气体保护焊	GTAW	4	4
焊接机械操作技能评定	单丝埋弧焊	SAW-S	5-1	5-1
	多丝埋弧焊	SAW-M	5-2	5-1,5-2
	管状熔嘴电渣焊	ESW-MN	6-1	6-1
	丝极电渣焊	ESW-WE	6-2	6-2
	板极电渣焊	ESW-BE	6-3	6-3
	非熔嘴电渣焊	ESW-N	6-4	6-4
	单丝气电立焊	EGW-S	7-1	7-1
	多丝气电立焊	EGW-M	7-2	7-1,7-2
	实心焊丝 CO_2 气体保护焊	GMAW-CO_2 A	8-1	8-1,8-3
	实心焊丝 80%Ar+20%CO_2 气体保护焊	GMAW-Ar A	8-2	8-1,8-2,8-3
	药芯焊丝 CO_2 气体保护焊	FCAW-G A	8-3	8-1,8-3
	药芯焊丝自保护焊	FCAW-SS A	8-4	8-4
	非穿透栓钉焊	SW	9-1	9-1
	穿透栓钉焊	SW-P	9-2	9-2

注：1. GMAW、FCAW 手工操作技能评定合格可代替相应方法焊接机械操作技能的评定，反之不可；
2. 多极焊操作技能评定合格可代替单级焊操作技能评定，反之不可。

施焊位置分类　　表 1-2

焊接位置		代号	焊接位置		代号
板材	平	F	管材	水平转动平焊	1G
	横	H		竖立固定横焊	2G
	立	V		水平固定全位置焊	5G
	仰	O		倾斜固定全位置焊	6G
				倾斜固定加挡板全位置焊	6GR

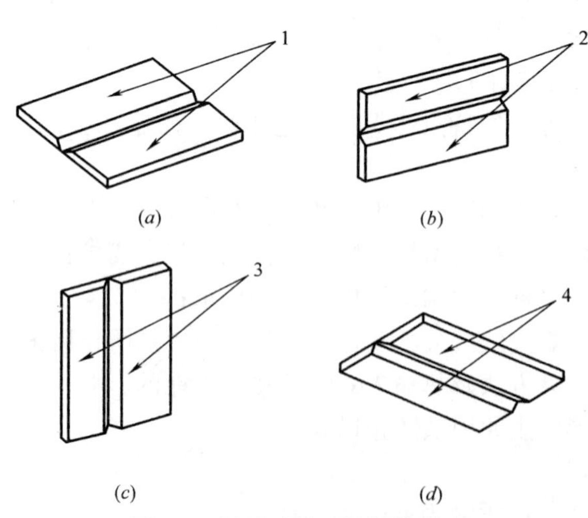

图 1-1　板材对接试件焊接位置

(a) 平焊位置 F；(b) 横焊位置 H；(c) 立焊位置 V；(d) 仰焊位置 O

1—板平放，焊缝轴水平；2—板横立，焊缝轴水平；3—板 90°放置，焊缝轴垂直；4—板平放，焊缝轴水平

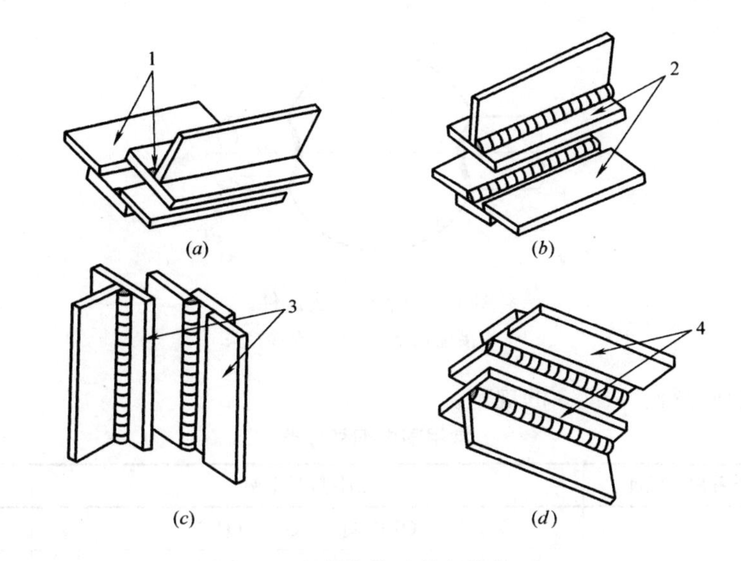

图 1-2 板材角接试件焊接位置

(a) 平焊位置 F；(b) 横焊位置 H；(c) 立焊位置 V；(d) 仰焊位置 O

1—板 45°放置，焊缝轴水平；2—板平放，焊缝轴水平；3—板竖立，焊缝轴垂直；4—板平放，焊缝轴水平

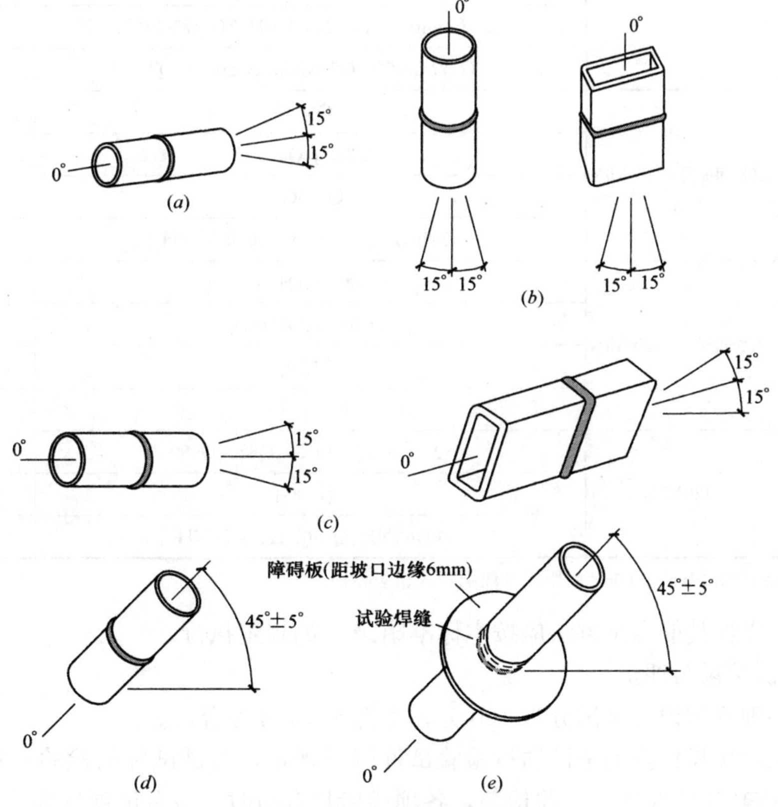

图 1-3 管材对接试件焊接位置

(a) 焊接位置 1G (转动) 管平放 (±15°) 焊接时转动，在顶部及附近平焊；(b) 焊接位置 2G 管竖立 (±15°) 焊接时不转动，焊缝横焊；(c) 焊接位置 5G 管平放并固定 (±15°) 施焊时不转动，焊缝平、立、仰焊；(d) 焊接位置 6G 管倾斜固定 (45°±5°) 焊接时不转动；(e) 焊接位置 6GR (T、K 或 Y 形连接)

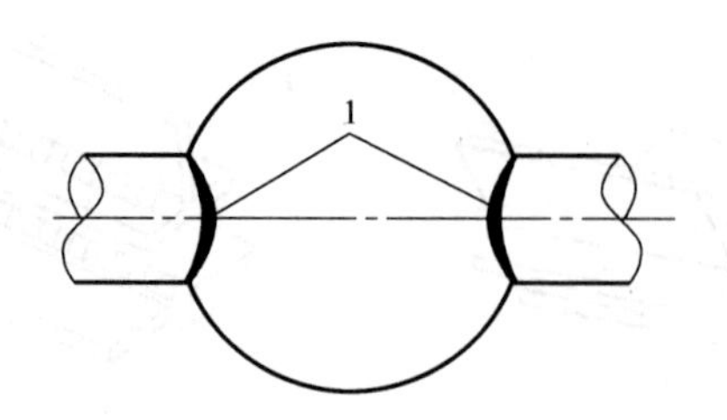

图 1-4　管-球接头试件

1—焊接位置分类按管材对接接头

4）钢材类别应符合表 1-3 的规定。

常用国内钢材分类　　**表 1-3**

类别号	标称屈服强度	钢材牌号举例	对应标准号
Ⅰ	≤295MPa	Q195、Q215、Q235、Q275	GB/T 700
		20、25、15Mn、20Mn、25Mn	GB/T 699
		Q235q	GB/T 714
		Q235GJ	GB/T 19879
		Q235NH、Q265GNH、Q295NH、Q295GNH	GB/T 4171
		ZG 200-400H、ZG 230-450H、ZG 275-485H	GB/T 7659
		G17Mn5QT、G20Mn5N、G20Mn5QT	CECS 235
Ⅱ	＞295MPa 且≤370MPa	Q345	GB/T 1591
		Q345q、Q370q	GB/T 714
		Q345GJ	GB/T 19879
		Q310GNH、Q355NH、Q355GNH	GB/T 4171
Ⅲ	＞370MPa 且≤420MPa	Q390、Q420	GB/T 1591
		Q390GJ、Q420GJ	GB/T 19879
		Q420q	GB/T 714
		Q415NH	GB/T 4171
Ⅳ	＞420MPa	Q460、Q500、Q550、Q620、Q690	GB/T 1591
		Q460GJ	GB/T 19879
		Q460NH、Q500NH、Q550NH	GB/T 4171

注：国内新钢材和国外钢材按其屈服强度级别归入相应类别。

5）焊工操作技能考试方法应按本标准附录 C 的规定执行。

（3）考试结果与评定

1）焊工理论知识考试满分为 100 分，不低于 70 分为合格。

2）焊工焊接操作技能考试通过检验试件进行评定，考试试件的检验项目应包括外观检查、射线或超声波探伤、弯曲检验，各项检验均合格时，该考试项目确认为合格。

（4）考试记录、复试、补考、重考、免试和证书

1）焊工考试宜按本标准表 D.0.1 记录考试结果。

2）每一考试项目中仅有一个试样不合格时，可进行复试。复试时，应重新焊接一块

试板进行全部试验，试样检验全部合格后该项目确认为合格，否则为不合格。每次考试，同一焊工复试次数不应超过一次。

3）焊工评定合格项目应由考试委员会审核，并报认证机构审批颁发焊工合格证书。焊工合格证有效期为3年，样式和内容宜符合本标准表D.0.2的要求。

4）焊工合格证有效期终止前应重新进行认证。重新认证应符合下列规定：

① 重新认证应进行理论知识及操作技能评定，应对合格证认可范围覆盖最大的操作技能科目进行重新考试；

② 重新认证合格后应由考试委员会审核并持原合格证上报，由认证机构核发新的焊工合格证；

③ 重新认证时，焊工可申请覆盖范围更大的考试科目，若考试不合格，则该焊工必须参加原合格证相应科目的重新考试；

④ 持续中断焊接操作时间超过半年的原合格焊工重新参加焊接工作时，必须进行原认可科目的重新考试。该重考可免去理论知识评定，且可不进行弯曲项目检验。

5）焊工合格证有效期满后免试应符合下列规定：

① 持证焊工在规定的认可范围内工作，焊接质量一贯优良，无损检测合格率保持在射线探伤不小于90%、超声波探伤不小于98%时，可经焊工所在企业的技术管理、质量检验两个部门的主管签字认可，由考试委员会核准后报认证机构予以免试；

② 准予免试的焊工资格证书有效期延长不得超过3年，且不得连续免试。

6）焊工合格证注销应符合下列规定：

① 焊工焊接质量一贯低劣，经质量检验部门提出，由考试委员会核准后可注销其合格证，同时应报认证机构备案。被注销合格证的焊工可重新申请参加焊工资格认证，认证合格后方可允许在规定的认可范围进行焊接操作；

② 焊工有伪造经历、弄虚作假或涂改焊工合格证书行为之一的，考试委员会可取消其认证资格或注销其资格证书，并应报认证机构备案。

注：本内容参照《钢结构焊接从业人员资格认证标准》CECS 331—2013第6章规定。

1.1.2 工作范围

1.1.2.1 质量目标

焊工必须经考试合格并取得合格证书。持证焊工必须在其考试合格项目及其认可范围内施焊。

检查数量：全数检查

检验方法：检查焊工合格证及其认可范围、有效期。

注：本内容参照《钢结构工程施工质量验收规范》GB 50205—2001第5.2.2条规定。

1.1.2.2 质量保证措施

钢结构焊接工程相关人员的职责应符合下列规定：

焊工应按照焊接工艺文件的要求施焊；

注：本内容参照《钢结构焊接规范》GB 50661—2011第3.0.5条规定。

焊接施工前，施工单位应制定焊接工艺文件用于指导焊接施工，工艺文件可依据《钢结构焊接规范》GB 50661—2011第6章规定的焊接工艺评定结果进行制定，也可依据

《钢结构焊接规范》GB 50661—2011 第 6 章对符合免除工艺评定条件的工艺直接制定焊接工艺文件。焊接工艺文件应至少包括下列内容：

（1）焊接方法或焊接方法的组合；

（2）母材的规格、牌号、厚度及适用范围；

（3）填充金属的规格、类别和型号；

（4）焊接接头形式、坡口形式、尺寸及其允许偏差；

（5）焊接位置；

（6）焊接电源的种类和电流极性；

（7）清根处理；

（8）焊接工艺参数，包括焊接电流、焊接电压、焊接速度、焊层和焊道分布等；

（9）预热温度及道间温度范围；

（10）焊后消除应力处理工艺；

（11）其他必要的规定。

注：本内容参照《钢结构焊接规范》GB 50661—2011 第 7.10.1 条规定。

1.2 焊缝缺陷检验

《工程质量安全手册》第 3.4.2 条：

一、二级焊缝应进行焊缝内部缺陷检验。

实施细则：

1.2.1 超声波探伤焊缝检验要求

1.2.1.1 质量目标

设计要求全焊透的一、二级焊缝应采用超声波探伤进行内部缺陷的检验，超声波探伤不能对缺陷作出判断时，应采用射线探伤，其内部缺陷分级及探伤方法应符合现行国家标准《焊缝无损检测 超声检测 技术、检测等级和评定》GB/T 11345 或《金属熔化焊焊接接头射线照相》GB/T 3323 的规定。

焊接球节点网架焊缝、螺栓球节点网架焊缝及圆管 T、K、Y 形节点相贯线焊缝，其内部缺陷分级及探伤方法应分别符合国家现行标准《钢结构超声波探伤及质量分级法》JG/T 203 的规定。

一级、二级焊缝的质量等级及缺陷分级应符合表 1-4 的规定。

一、二级焊缝质量等级及缺陷分级 表 1-4

焊缝质量等级		一级	二级
内部缺陷 超声波探伤	评定等级	Ⅱ	Ⅲ
	检验等级	B 级	B 级
	探伤比例	100%	20%

续表

焊缝质量等级		一级	二级
内部缺陷射线探伤	评定等级	Ⅱ	Ⅲ
	检验等级	AB级	AB级
	探伤比例	100%	20%

注：探伤比例的计数方法应按以下原则确定：(1) 对工厂制作焊缝，应按每条焊缝计算百分比，且探伤长度应不小于200mm，当焊缝长度不足200mm时，应对整条焊缝进行探伤；(2) 对现场安装焊缝，应按同一类型、同一施焊条件的焊缝条数计算百分比，探伤长度应不小于200mm，并应不少于1条焊缝。

检查数量：全数检查。

检验方法：检查超声波或射线探伤记录。

根据结构的承载情况不同，现行国家标准《钢结构设计标准》GB 50017 中将焊缝的质量为分三个质量等级。内部缺陷的检测一般可用超声波探伤和射线探伤。射线探伤具有直观性、一致性好的优点，过去人们觉得射线探伤可靠、客观。但是射线探伤成本高、操作程序复杂、检测周期长，尤其是钢结构中大多为T形接头和角接头，射线检测的效果差，且射线探伤对裂纹、未熔合等危害性缺陷的检出率低。超声波探伤则正好相反，操作程序简单、快速，对各种接头形式的适应性好，对裂纹、未熔合的检测灵敏度高，因此世界上很多国家对钢结构内部质量的控制采用超声波探伤，一般已不采用射线探伤。

《钢结构工程施工质量验收规范》GB 50205 规定要求全焊透的一级焊缝100%检验，二级焊缝的局部检验定为抽样检验。钢结构制作一般较长，对每条焊缝按规定的百分比进行探伤，且每处不小于200mm的规定，对保证每条焊缝质量是有利的。但钢结构安装焊缝一般都不长，大部分焊缝为梁—柱连接焊缝，每条焊缝的长度大多在250～300mm之间，采用焊缝条数计数抽样检测是可行的。

注：本内容参照《钢结构工程施工质量验收规范》GB 50205—2001 第5.2.4条规定。

1.2.1.2 质量保证措施

1. 承受静荷载结构焊接质量的检验

超声波检测应符合下列规定：

(1) 检验灵敏度应符合表1-5的规定。

距离-波幅曲线 **表1-5**

厚度(mm)	判废线(dB)	定量线(dB)	评定线(dB)
3.5～150	ϕ3×40	ϕ3×40-6	ϕ3×40-14

(2) 缺欠等级评定应符合表1-6的规定。

超声波检测缺欠等级评定 **表1-6**

评定等级	检验等级		
	A	B	C
	板厚 t(mm)		
	3.5～50	3.5～150	3.5～150
Ⅰ	$2t/3$；最小8mm	$t/3$；最小6mm 最大40mm	$t/3$；最小6mm 最大40mm

续表

评定等级	检验等级		
	A	B	C
	板厚 t(mm)		
	3.5～50	3.5～150	3.5～150
Ⅱ	$3t/4$；最小 8mm	$2t/3$；最小 8mm 最大 70mm	$2t/3$；最小 8mm 最大 50mm
Ⅲ	$<t$；最小 16mm	$3t/4$；最小 12mm 最大 90mm	$3t/4$；最小 12mm 最大 75mm
Ⅳ	超过Ⅲ级者		

(3) 当检测板厚在 3.5～8mm 范围时，其超声波检测的技术参数应按现行行业标准《钢结构超声波探伤及质量分级法》JG/T 203 执行。

(4) 焊接球节点网架、螺栓球节点网架及圆管 T、K、Y 节点焊缝的超声波探伤方法及缺陷分级应符合现行行业标准《钢结构超声波探伤及质量分级法》JG/T 203 的有关规定。

(5) 箱形构件隔板电渣焊焊缝无损检测，除应符合《钢结构焊接规范》GB 50661 第 8.2.3 条的相关规定外，还应按《钢结构焊接规范》GB 50661 附录 C 进行焊缝焊透宽度、焊缝偏移检测。

(6) 对超声波检测结果有疑义时，可采用射线检测验证。

(7) 下列情况之一宜在焊前用超声波检测 T 形、十字形、角接接头坡口处的翼缘板，或在焊后进行翼缘板的层状撕裂检测：

1) 发现钢板有夹层缺欠；

2) 翼缘板、腹板厚度不小于 20mm 的非厚度方向性能钢板；

3) 腹板厚度大于翼缘板厚度且垂直于该翼缘板厚度方向的工作应力较大。

(8) 超声波检测设备及工艺要求应符合现行国家标准《焊缝无损检测　超声检测　技术、检测等级和评定》GB/T 11345 的有关规定。

注：本内容参照《钢结构焊接规范》GB 50661—2011 第 8.2.4 条规定。

2. 需疲劳验算结构的焊缝质量检验

超声波检测应符合下列规定：

(1) 超声波检测设备和工艺要求应符合现行国家标准《焊缝无损检测　超声检测　技术、检测等级和评定》GB/T 11345 的有关规定。

(2) 检测范围和检验等级应符合表 1-7 的规定。距离-波幅曲线及缺欠等级评定应符合表 1-8、表 1-9 的规定。

焊缝超声波检测范围和检验等级　　表 1-7

焊缝质量级别	探伤部位	探伤比例	板厚 t(mm)	检验等级
一、二级横向对接焊缝	全长	100%	$10\leqslant t\leqslant 46$	B
	—	—	$46<t\leqslant 80$	B(双面双侧)
二级纵向对接焊缝	焊缝两端各 1000mm	100%	$10\leqslant t\leqslant 46$	B
	—	—	$46<t\leqslant 80$	B(双面双侧)

续表

焊缝质量级别	探伤部位	探伤比例	板厚 t(mm)	检验等级
二级角焊缝	两端螺栓孔部位并延长 500mm，板梁主梁及纵、横梁跨中加深 1000mm	100%	$10 \leqslant t \leqslant 46$	B(双面单侧)
	—	—	$46 < t \leqslant 80$	B(双面单侧)

超声波检测距离-波幅曲线灵敏度　　表 1-8

焊缝质量等级		板厚(mm)	判废线	定量线	评定线
对接焊缝一、二级		$10 \leqslant t \leqslant 46$	$\phi 3 \times 40$-6dB	$\phi 3 \times 40$-14dB	$\phi 3 \times 40$-20dB
		$46 < t \leqslant 80$	$\phi 3 \times 40$-2dB	$\phi 3 \times 40$-10dB	$\phi 3 \times 40$-16dB
全焊缝对接与角接组合焊缝一级		$10 \leqslant t \leqslant 80$	$\phi 3 \times 40$-4dB	$\phi 3 \times 40$-10dB	$\phi 3 \times 40$-16dB
			$\phi 6$	$\phi 3$	$\phi 2$
角焊缝二级	部分焊透对接与角接组合焊缝	$10 \leqslant t \leqslant 80$	$\phi 3 \times 40$-4dB	$\phi 3 \times 40$-10dB	$\phi 3 \times 40$-16dB
	贴角焊缝	$10 \leqslant t \leqslant 25$	$\phi 1 \times 2$	$\phi 1 \times 2$-6dB	$\phi 1 \times 2$-12dB
		$25 < t \leqslant 80$	$\phi 1 \times 2 + 4$dB	$\phi 1 \times 2$-4dB	$\phi 1 \times 2$-10dB

注：1. 角焊缝超声波检测采用铁路钢桥制造专用柱孔标准试块或与其校准过的其他孔形试块；
2. $\phi 6$、$\phi 3$、$\phi 2$ 表示纵波探伤的平底孔参考反射体尺寸。

超声波检测缺欠等级评定　　表 1-9

焊缝质量等级	板厚 t(mm)	单个缺欠指示长度	多个缺欠的累计指示长度
对接焊缝一级	$10 \leqslant t \leqslant 80$	$t/4$，最小可为 8mm	在任意 $9t$，焊缝长度范围不超过 t
对接焊缝二级	$10 \leqslant t \leqslant 80$	$t/2$，最小可为 10mm	在任意 $4.5t$，焊缝长度范围不超过 t
全焊缝对接与角接组合焊缝一级	$10 \leqslant t \leqslant 80$	$t/3$，最小可为 10mm	—
角焊缝二级	$10 \leqslant t \leqslant 80$	$t/2$，最小可为 10mm	—

注：1. 母材板厚不同时，按较薄板评定；
2. 缺欠指示长度小于 8mm 时，按 5mm 计。

注：本内容参照《钢结构焊接规范》GB 50661—2011 第 8.3.4 条规定。

1.2.2 射线探伤焊缝检验要求

1.2.2.1 质量目标

设计要求全焊透的一、二级焊缝应采用超声波探伤进行内部缺陷的检验，超声波探伤不能对缺陷作出判断时，应采用射线探伤，其内部缺陷分级及探伤方法应符合现行国家标准《焊缝无损检测　超声检测　技术、检测等级和评定》GB/T 11345 或《金属熔化焊焊接接头射线照相》GB/T 3323 的规定。

焊接球节点网架焊缝、螺栓球节点网架焊缝及圆管 T、K、Y 形节点相贯线焊缝，其内部缺陷分级及探伤方法应分别符合国家现行标准《钢结构超声波探伤及质量分级法》JG/T 203 的规定。

一级、二级焊缝的质量等级及缺陷分级应符合表 1-4 的规定。

检查数量：全数检查。

检验方法：检查超声波或射线探伤记录。

根据结构的承载情况不同，现行国家标准《钢结构设计标准》GB 50017 中将焊缝的质量分为三个质量等级。内部缺陷的检测一般可用超声波探伤和射线探伤。射线探伤具有直观性、一致性好的优点，过去人们觉得射线探伤可靠、客观。但是射线探伤成本高、操作程序复杂、检测周期长，尤其是钢结构中大多为 T 形接头和角接头，射线检测的效果差，且射线探伤对裂纹、未熔合等危害性缺陷的检出率低。超声波探伤则正好相反，操作程序简单、快速，对各种接头形式的适应性好，对裂纹、未熔合的检测灵敏度高，因此世界上很多国家对钢结构内部质量的控制采用超声波探伤，一般已不采用射线探伤。

《钢结构工程施工质量验收规范》GB 50205 规定要求全焊透的一级焊缝 100%检验，二级焊缝的局部检验定为抽样检验。钢结构制作一般较长，对每条焊缝按规定的百分比进行探伤，且每处不小于 200mm 的规定，对保证每条焊缝质量是有利的。但钢结构安装焊缝一般都不长，大部分焊缝为梁—柱连接焊缝，每条焊缝的长度大多在 250～300mm 之间，采用焊缝条数计数抽样检测是可行的。

注：本内容参照《钢结构工程施工质量验收规范》GB 50205—2001 第 5.2.4 条规定。

1.2.2.2　质量保证措施

1. 承受静荷载结构焊接质量的检验

射线检测应符合现行国家标准《金属熔化焊焊接接头射线照相》GB/T 3323 的有关规定，射线照相的质量等级不应低于 B 级的要求，一级焊缝评定合格等级不应低于Ⅱ级的要求，二级焊缝评定合格等级不应低于Ⅲ级的要求。

注：本内容参照《钢结构焊接规范》GB 50661—2011 第 8.2.5 条规定。

2. 需疲劳验算结构的焊缝质量检验

射线检测应符合现行国家标准《金属熔化焊焊接接头射线照相》GB/T 3323 的有关规定，射线照相质量等级不应低于 B 级，焊缝内部质量等级不应低于Ⅱ级。

注：本内容参照《钢结构焊接规范》GB 50661—2011 第 8.3.5 条规定。

1.3　高强度螺栓连接副的安装

《工程质量安全手册》第 3.4.3 条：

高强度螺栓连接副的安装符合设计和规范要求。

实施细则：

1.3.1　高强度螺栓连接副的安装

1.3.1.1　质量目标

高强度螺栓连接副的施拧顺序和初拧、复拧扭矩应符合设计要求和国家现行行业标准《钢结构高强度螺栓连接技术规程》JGJ 82 的规定。

检查数量：全数检查资料。

检验方法：检查扭矩扳手标定记录和螺栓施工记录。

高强度螺栓初拧、复拧的目的是为了使摩擦面能密贴，且螺栓受力均匀，对大型节点强调安装顺序是防止节点中螺栓预拉力损失不均，影响连接的刚度。

注：本内容参照《钢结构工程施工质量验收规范》GB 50205—2001 第 6.3.4 条规定。

1.3.1.2 质量保证措施

高强度螺栓连接处摩擦面如采用喷砂（丸）后生赤锈处理方法时，安装前应以细钢丝刷除去摩擦面上的浮锈。

注：本内容参照《钢结构高强度螺栓连接技术规程》JGJ82—2011 第 6.4.2 条规定。

对因板厚公差、制造偏差或安装偏差等产生的接触面间隙，应按表 1-10 规定进行处理。

接触面间隙处理　　表 1-10

项目	示意图	处理方法
1		Δ<1.0mm 时不予处理
2	磨斜面	Δ=1.0～3.0mm 时将厚板一侧磨成 1∶10 缓坡，使间隙小于 1.0mm
3		Δ>3.0mm 时加垫板，垫板厚度不小于 3mm，最多不超过 3 层，垫板材质和摩擦面处理方法应与构件相同

注：本内容参照《钢结构高强度螺栓连接技术规程》JGJ 82—2011 第 6.4.3 条规定。

高强度螺栓连接安装时，在每个节点上应穿入的临时螺栓和冲钉数量，由安装时可能承担的荷载计算确定，并应符合下列规定：

（1）不得少于节点螺栓总数的 1/3；

（2）不得少于 2 个临时螺栓；

（3）冲钉穿入数量不宜多于临时螺栓数量的 30%。

构件安装时，应用冲钉来对准连接节点各板层的孔位。应用临时螺栓和冲钉是确保安装精度和安全的必要措施。

注：本内容参照《钢结构高强度螺栓连接技术规程》JGJ 82—2011 第 6.4.4 条规定。

在安装过程中，不得使用螺纹损伤及沾染脏物的高强度螺栓连接副，不得用高强度螺栓兼作临时螺栓。

螺纹损伤及沾染脏物的高强度螺栓连接副其扭矩系数将会大幅度变大，在同样终拧扭矩下达不到螺栓设计预拉力，直接影响连接的安全性。用高强度螺栓兼作临时螺栓，由于该螺栓从开始使用到终拧完成相隔时间较长，在这段时间内因环境等各种因素的影响（如下雨等），其扭矩系数将会发生变化，特别是螺纹损伤概率极大，会严重影响高强度螺栓终拧预拉力的准确性，因此，本条规定高强度螺栓不能兼作临时螺栓。

注：本内容参照《钢结构高强度螺栓连接技术规程》JGJ 82—2011 第 6.4.5 条规定。

工地安装时，应按当天高强度螺栓连接副需要使用的数量领取。当天安装剩余的必须妥善保管，不得乱扔、乱放。

为保证大六角头高强度螺栓的扭矩系数和扭剪型高强度螺栓的轴力，螺栓、螺母、垫圈及表面处理出厂时，按批配套装箱供应。因此要求用到螺栓应保持其原始出厂状态。

注：本内容参照《钢结构高强度螺栓连接技术规程》JGJ 82—2011 第 6.4.6 条规定。

高强度螺栓应自由穿入螺栓孔。高强度螺栓孔不应采用气割扩孔，扩孔数量应征得设计同意，扩孔后的孔径不应超过 1.2d（d 为螺栓直径）。

检查数量：被扩螺栓孔全数检查。

检验方法：观察检查及用卡尺检查。

强行穿入螺栓会损伤丝扣，改变高强度螺栓连接副的扭矩系数，甚至连螺母都拧不上，因此强调自由穿入螺栓孔。气割扩孔很不规则，既削弱了构件的有效载面，减少了压力传力面积，还会使扩孔处钢材造成缺陷，故规定不得气割扩孔。最大扩孔量的限制也是基于构件有效载面和摩擦传力面积的考虑。

注：本内容参照《钢结构工程施工质量验收规范》GB 50205—2001 第 6.3.7 条规定。

安装高强度螺栓时，严禁强行穿入。当不能自由穿入时，该孔应用铰刀进行修整，修整后孔的最大直径不应大于 1.2 倍螺栓直径，且修孔数量不应超过该节点螺栓数量的 25%。修孔前应将四周螺栓全部拧紧，使板迭密贴后再进行铰孔。严禁气割扩孔。

强行穿入螺栓，必然损伤螺纹，影响扭矩系数从而达不到设计预拉力。气割扩孔的随意性大，切割面粗糙，严禁使用。修整后孔的最大直径和修孔数量作强制性规定是必要的。

注：本内容参照《钢结构高强度螺栓连接技术规程》JGJ 82—2011 第 6.4.8 条规定。

按标准孔型设计的孔，修整后孔的最大直径超过 1.2 倍螺栓直径或修孔数量超过该节点螺栓数量的 25%时，应经设计单位同意。扩孔后的孔型尺寸应作记录，并提交设计单位，按大圆孔、槽孔等扩大孔型进行折减后复核计算。

过大孔，对构件截面局部削弱，且减少摩擦接触面，与原设计不一致，需经设计核算。

注：本内容参照《钢结构高强度螺栓连接技术规程》JGJ 82—2011 第 6.4.9 条规定。

安装高强度螺栓时，构件的摩擦面应保持干燥，不得在雨中作业。

注：本内容参照《钢结构高强度螺栓连接技术规程》JGJ 82—2011 第 6.4.10 条规定。

高强度螺栓连接摩擦面应保持干燥、整洁，不应有飞边、毛刺、焊接飞溅物、焊疤、氧化铁皮、污垢等，除设计要求外摩擦面不应涂漆。

检查数量：全数检查。

检验方法：观察检查。

注：本内容参照《钢结构工程施工质量验收规范》GB 50205—2001 第 6.3.6 条规定。

高强度螺栓应在构件安装精度调整后进行拧紧。高强度螺栓安装应符合下列规定：

（1）扭剪型高强度螺栓安装时，螺母带圆台面的一侧应朝向垫圈有倒角的一侧；

（2）大六角头高强度螺栓安装时，螺栓头下垫圈有倒角的一侧应朝向螺栓头，螺母带圆台面的一侧应朝向垫圈有倒角的一侧。

对于大六角头高强度螺栓连接副，垫圈设置内倒角是为了与螺栓头下的过渡圆弧相配合，因此在安装时垫圈带倒角的一侧必须朝向螺栓头，否则螺栓头就不能很好与垫圈密贴，影响螺栓的受力性能。对于螺母一侧的垫圈，因倒角侧的表面较为平整、光滑，拧紧时扭矩系数较小，且离散率也较小，所以垫圈有倒角一侧朝向螺母。

注：本内容参照《钢结构工程施工规范》GB 50755—2012 第 7.4.4 条规定。

高强度螺栓连接节点螺栓群初拧、复拧和终拧，应采用合理的施拧顺序。

高强度螺栓连接副初拧、复拧和终拧原则上应以接头刚度较大的部位向约束较小的方向、螺栓群中央向四周的顺序，是为了使高强度螺栓连接处板层能更好密贴。下面是典型节点的施拧顺利：

（1）一般节点从中心向两端，如图 1-5 所示；

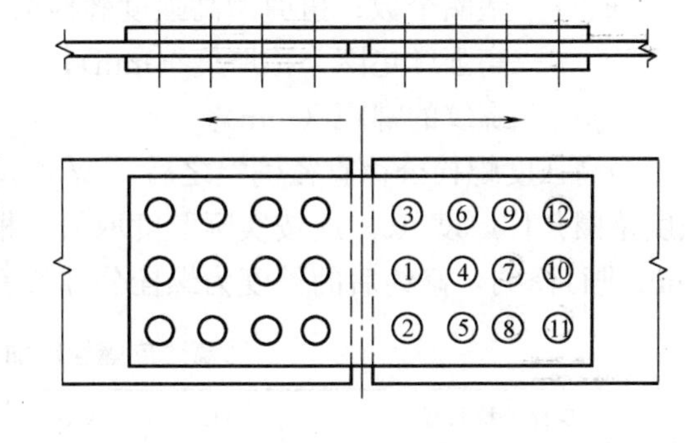

图 1-5　一般节点施拧顺序

（2）箱形节点按图 1-6 中 A、C、B、D 顺序；

（3）工字梁节点螺栓群按图 1-7 中①～⑥顺序；

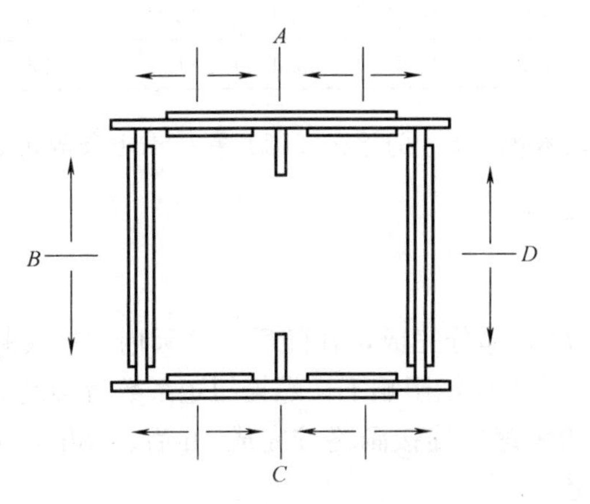

图 1-6　箱形节点施拧顺序

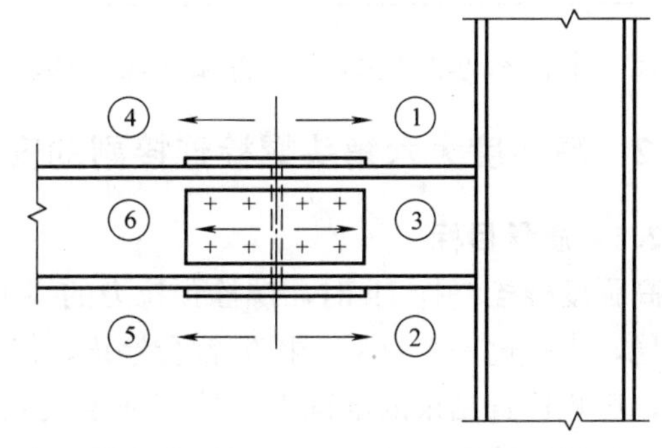

图 1-7　工字梁节点施拧顺序

（4）H 形截面柱对接节点按先翼缘后腹板；

（5）两个节点组成的螺栓群按先主要构件节点，后次要构件节点的顺序。

注：本内容参照《钢结构工程施工规范》GB 50755—2012 第 7.4.8 条规定。

高强度螺栓连接副的初拧、复拧、终拧，宜在 24h 内完成。

注：本内容参照《钢结构工程施工规范》GB 50755—2012 第 7.4.10 条规定。

高强度螺栓连接副终拧后，螺栓丝扣外露应为 2～3 扣，其中允许有 10%的螺栓丝扣外露 1 扣或 4 扣。

检查数量：按节点数抽查 5%，且不应少于 10 个。

检验方法：观察检查。

注：本内容参照《钢结构工程施工质量验收规范》GB 50205—2001 第 6.3.5 条规定。

高强度螺栓长度 l 应保证在终拧后，螺栓外露丝扣为 2～3 扣。其长度应按下式计算：

$$l=l'+\Delta l \tag{1-1}$$

式中　l'——连接板层总厚度（mm）；

Δl——附加长度（mm），$\Delta l=m+n_{w}s+3p$；

m——高强度螺母公称厚度（mm）；

n_{w}——垫圈个数；扭剪型高强度螺栓为 1，大六角头高强度螺栓为 2；

s——高强度垫圈公称厚度（mm）；

p——螺纹的螺距（mm）。

当高强度螺栓公称直径确定之后，Δl 可按表 1-11 取值。但采用大圆孔或槽孔时，高强度垫圈公称厚度（s）应按实际厚度取值。根据式（1-1）计算出的螺栓长度按修约间隔 5mm 进行修约，修约后的长度为螺栓公称长度。

高强度螺栓附加长度 Δl（mm）　　**表 1-11**

螺栓公称直径	M12	M16	M20	M22	M24	M27	M30
高强度螺母公称厚度	12.0	16.0	20.0	22.0	24.0	27.0	30.0
高强度垫圈公称厚度	3.00	4.00	4.00	5.00	5.00	5.00	5.00
螺纹的螺距	1.75	2.00	2.50	2.50	3.00	3.00	3.50
大六角头高强度螺栓附加长度	23.0	30.0	35.5	39.5	43.0	46.0	50.5
扭剪型高强度螺栓附加长度	—	26.0	31.5	34.5	38.0	41.0	45.5

注：本内容参照《钢结构高强度螺栓连接技术规程》JGJ 82—2011 第 6.4.1 条规定。

1.3.2　高强度大六角头螺栓连接副的安装

1.3.2.1　质量目标

高强度螺栓终拧 1h 时，螺栓预拉力的损失已大部分完成，在随后一两天内，损失趋于平稳，当超过一个月后，损失就会停止，但在外界环境影响下，螺栓扭矩系数将会发生变化，影响检查结果的准确性。故高强度大六角头螺栓连接副终拧完成 1h 后、48h 内应进行终拧扭矩检查，检查结果应符合下列的规定。

检查数量：按节点数抽查 10%，且不应少于 10 个；每个被抽查节点按螺栓数抽查 10%，且不应少于 2 个。

检验方法如下：

1. 高强度螺栓连接副施工扭矩检验

高强度螺栓连接副扭矩检验含初拧、复拧、终拧扭矩的现场无损检验。检验所用的扭矩扳手其扭矩精度误差应不大于 3%。

高强度螺栓连接副扭矩检验分扭矩法检验和转角法检验两种，原则上检验法与施工法应相同。扭矩检验应在施拧 1h 后，48h 内完成。

（1）扭矩法检验。

检验方法：在螺尾端头和螺母相对位置划线，将螺母退回 60°左右，用扭矩扳手测定拧回至原来位置时的扭矩值。该扭矩值与施工扭矩值的偏差在 10%以内为合格。

高强度螺栓连接副终拧扭矩值按下式计算：

$$T_c = K \cdot P_c \cdot d \tag{1-2}$$

式中 T_c——终拧扭矩值（N·m）；

P_c——施工预拉力值标准值（kN），见表 1-12；

d——螺栓公称直径（mm）；

K——扭矩系数，按下述（2）的规定试验确定。

高强度大六角头螺栓连接副初拧扭矩值 T_0 可按 $0.5T_c$ 取值。

扭剪型高强度螺栓连接副初拧扭矩值 T_0 可按下式计算：

$$T_0 = 0.065P_c \cdot d \tag{1-3}$$

式中 T_0——初拧扭矩值（N·m）；

P_c——施工预拉力标准值（kN），见表 1-12；

d——螺栓公称直径（mm）。

（2）转角法检验。

检验方法：①检查初拧后在螺母与相对位置所画的终拧起始线和终止线所夹的角度是否达到规定值。②在螺尾端头和螺母相对位置画线，然后全部卸松螺母，在按规定的初拧扭矩和终拧角度重新拧紧螺栓，观察与原画线是否重合。终拧转角偏差在 10°以内为合格。

终拧转角与螺栓的直径、长度等因素有关，应由试验确定。

（3）扭剪型高强度螺栓施工扭矩检验。

检验方法：观察尾部梅花头拧掉情况。尾部梅花头被拧掉者视同其终拧扭矩达到合格质量标准；尾部梅花头未被拧掉者应按上述扭矩法或转角法检验。

高强度螺栓连接副施工预拉力标准值（kN）　　表 1-12

螺栓的性能等级	螺栓公称直径(mm)					
	M16	M20	M22	M24	M27	M30
8.8s	75	120	150	170	225	275
10.9s	110	170	210	250	320	390

2. 高强度大六角头螺栓连接副扭矩系数复验

复验用螺栓应在施工现场待安装的螺栓批中随机抽取，每批应抽取 8 套连接副进行复验。

连接副扭矩系数复验用的计量器具应在试验前进行标定，误差不得超过 2%。

每套连接副只应做一次试验，不得重复使用。在紧固中垫圈发生转动时，应更换连接副，重新试验。

连接副扭矩系数的复验应将螺栓穿入轴力计，在测出螺栓预拉力 P 的同时，应测定施加于螺母上的施拧扭矩值 T，并应按下式计算扭矩系数 K。

$$K = \frac{T}{P \cdot d} \tag{1-4}$$

式中 T——施拧扭矩（N·m）；

d——高强度螺栓的公称直径（mm）；

P——螺栓预拉力（kN）。

进行连接副扭矩系数试验时，螺栓预拉力值应符合表 1-13 的规定。

螺栓预拉力值范围（kN） **表 1-13**

螺栓规格(mm)		M16	M20	M22	M24	M27	M30
预拉力值 P	10.9s	93～113	142～177	175～215	206～250	265～324	325～390
	8.8s	62～78	100～120	125～150	140～170	185～225	230～275

每组 8 套连接副扭矩系数的平均值应为 0.110～0.150，标准偏差小于或等于 0.010。

扭剪型高强度螺栓连接副当采用扭矩法施工时，其扭矩系数亦按本附录的规定确定。

注：本内容参照《钢结构工程施工质量验收规范》GB 50205—2001 第 6.3.2 条规定。

1.3.2.2 质量保证措施

高强度大六角头螺栓连接副和扭剪型高强度螺栓连接副，应分别有扭矩系数和紧固轴力（预拉力）的出厂合格检验报告，并随箱带。当高强度螺栓连接副保管时间超过 6 个月后使用时，应按相关要求重新进行扭矩系数或紧固轴力试验，并应在合格后再使用。

注：本内容参照《钢结构工程施工规范》GB 50755—2012 第 5.4.2 条规定。

高强度大六角头螺栓连接副和扭剪型高强度螺栓连接副，应分别进行扭矩系数和紧固轴力（预拉力）复验，试验螺栓应从施工现场待安装的螺栓批中随机抽取，每批应抽取 8 套连接副进行复验。

注：本内容参照《钢结构工程施工规范》GB 50755—2012 第 5.4.3 条规定。

高强度大六角头螺栓连接副施拧可采用扭矩法或转角法，施工时应符合下列规定：

（1）施工用的扭矩扳手使用前应进行校正，其扭矩相对误差不得大于±5%；校正用的扭矩扳手，其扭矩相对误差不得大于±3%；

（2）施拧时，应在螺母上施加扭矩；

（3）施拧应分为初拧和终拧，大型节点应在初拧和终拧间增加复拧。初拧扭矩可取施工终拧扭矩的 50%，复拧扭矩应等于初拧扭矩。终拧扭矩应按式（1-5）计算：

$$T_c = kP_c d \tag{1-5}$$

式中 T_c——施工终拧扭矩（N·m）；

k——高强度螺栓连接副的扭矩系数平均值，取 0.110～0.150；

P_c——高强度大六角头螺栓施工预拉力，可按表 1-14 选用（kN）；

d——高强度螺栓公称直径（mm）。

高强度大六角头螺栓施工预拉力（kN） **表 1-14**

螺栓性能等级	螺栓公称直径(mm)						
	M12	M16	M20	M22	M24	M27	M30
8.8s	50	90	140	165	195	255	310
10.9s	60	110	170	210	250	320	390

（4）采用转角法施工时，初拧（复拧）后连接副的终拧转角度应符合表 1-15 的要求；

初拧（复拧）后连接副的终拧转角度 表 1-15

螺栓长度 l	螺母转角	连接状态
$l \leqslant 4d$	1/3 圈(120°)	连接形式为一层芯板加两层盖板
$4d < l \leqslant 8d$ 或 200mm 及以下	1/2 圈(180°)	
$8d < l \leqslant 12d$ 或 200mm 以上	2/3 圈(240°)	

注：1. d 为螺栓公称直径；
2. 螺母的转角为螺母与螺栓杆间的相对转角；
3. 当螺栓长度 l 超过螺栓公称直径 d 的 12 倍时，螺母的终拧角度应由试验确定。

（5）初拧或复拧后应对螺母涂画颜色标记。

注：本内容参照《钢结构工程施工规范》GB 50755—2012 第 7.4.6 条规定。

高强度大六角头螺栓连接副的拧紧应分为初拧、终拧。对于大型节点应分为初拧、复拧、终拧。初拧扭矩和复拧扭矩为终拧扭矩的 50%左右。初拧或复拧后的高强度螺栓应用颜色在螺母上标记，按《钢结构高强度螺栓连接技术规程》JGJ 82—2011 第 6.4.13 条规定的终拧扭矩值进行终拧。终拧后的高强度螺栓应用另一种颜色在螺母上标记。高强度大六角头螺栓连接副的初拧、复拧、终拧宜在一天内完成。

由于连接处钢板不平整，致使先拧与后拧的高强度螺栓预拉力有很大的差别，为克服这一现象，提高拧紧预拉力的精度，使各螺栓受力均匀，高强度螺栓的拧紧应分为初拧和终拧。当单排（列）螺栓个数超过 15 时，可认为是属于大型接头，需要进行复拧。

注：本内容参照《钢结构高强度螺栓连接技术规程》JGJ 82—2011 第 6.4.14 条规定。

高强度大六角头螺栓连接用扭矩法施工紧固时，应进行下列质量检查：

（1）应检查终拧颜色标记，并应用 0.3kg 重小锤敲击螺母对高强度螺栓进行逐个检查；

（2）终拧扭矩应按节点数 10%抽查，且不应少于 10 个节点；对每个被抽查节点应按螺栓数 10%抽查，且不应少于 2 个螺栓；

（3）检查时应先在螺杆端面和螺母上画一直线，然后将螺母拧松约 60°；再用扭矩扳手重新拧紧，使两线重合，测得此时的扭矩应为 $0.9T_{ch}$～$1.1T_{ch}$。T_{ch}可按下式计算：

$$T_{ch} = kPd \tag{1-6}$$

式中 T_{ch}——检查扭矩（N·m）；

P——高强度螺栓设计预拉力（kN）；

k——扭矩系数。

（4）发现有不符合规定时，应再扩大 1 倍检查；仍有不合格者时，则整个节点的高强度螺栓应重新施拧；

（5）扭矩检查宜在螺栓终拧 1h 以后、24h 之前完成，检查用的扭矩扳手，其相对误差不得大于±3%。

注：本内容参照《钢结构工程施工规范》GB 50755—2012 第 7.4.11 条规定。

高强度大六角头螺栓连接转角法施工紧固，应进行下列质量检查：

（1）应检查终拧颜色标记，同时应用约 0.3kg 重小锤敲击螺母对高强度螺栓进行逐个检查；

（2）终拧转角应按节点数抽查 10%，且不应少于 10 个节点；对每个被抽查节点应按螺栓数抽查 10%，且不应少于 2 个螺栓；

（3）应在螺杆端面和螺母相对位置画线，然后全部卸松螺母，应再按规定的初拧扭矩和终拧角度重新拧紧螺栓，测量终止线与原终止线画线间的角度，应符合表 1-15 的要求，误差在±30°者应为合格；

（4）发现有不符合规定时，应再扩大 1 倍检查；仍有不合格者时，则整个节点的高强度螺栓应重新施拧；

（5）转角检查宜在螺栓终拧 1h 以后、24h 之前完成。

注：本内容参照《钢结构工程施工规范》GB 50755—2012 第 7.4.12 条规定。

1.3.3 扭剪型高强度螺栓连接副的安装

1.3.3.1 质量目标

扭剪型高强度螺栓连接副终拧后，除因构造原因无法使用专用扳手终拧掉梅花头者外，未在终拧中拧掉梅花头的螺栓数不应大于该节点螺栓数的 5%。对所有梅花头未拧掉的扭剪型高强度螺栓连接副应采用扭矩法或转角法进行终拧并作标记，且按《钢结构工程施工质量验收规范》GB 50205—2001 第 6.3.2 条的规定进行终拧扭矩检查。

检查数量：按节点数抽查 10%，但不应少于 10 个节点，被抽查节点中梅花头未拧掉的扭剪型高强度螺栓连接副全数进行终拧扭矩检查。

检验方法：观察检查及参照《钢结构工程施工质量验收规范》GB 50205—2001 附录 B。

本条的构造原因是指设计原因造成空间太小无法使用专用扳手进行终拧的情况。在扭剪型高强度螺栓施工中，因安装顺序、安装方向考虑不周，或终拧时因对电动扳手使用掌握不熟练，致使终拧时尾部梅花头上的棱端部滑牙（即打滑），无法拧掉梅花头，造成终拧扭矩是未知数，对此类螺栓应控制一定比例。

注：本内容参照《钢结构工程施工质量验收规范》GB 50205—2001 第 6.3.3 条规定。

1.3.3.2 质量保证措施

高强度大六角头螺栓连接副和扭剪型高强度螺栓连接副，应分别有扭矩系数和紧固轴力（预拉力）的出厂合格检验报告，并随箱带。当高强度螺栓连接副保管时间超过 6 个月后使用时，应按相关要求重新进行扭矩系数或紧固轴力试验，并应在合格后再使用。

注：本内容参照《钢结构工程施工规范》GB 50755—2012 第 5.4.2 条规定。

高强度大六角头螺栓连接副和扭剪型高强度螺栓连接副，应分别进行扭矩系数和紧固轴力（预拉力）复验，试验螺栓应从施工现场待安装的螺栓批中随机抽取，每批应抽取 8 套连接副进行复验。

注：本内容参照《钢结构工程施工规范》GB 50755—2012 第 5.4.3 条规定。

扭剪型高强度螺栓连接副应采用专用电动扳手施拧，施工时应符合下列规定：

（1）施拧应分为初拧和终拧，大型节点宜在初拧和终拧间增加复拧；

（2）初拧扭矩值应取式（1-5）中 T_c 计算值的 50%，其中 k 应取 0.13，也可按表 1-16选用；复拧扭矩应等于初拧扭矩；

扭剪型高强度螺栓初拧（复拧）扭矩值（N·m） 表 1-16

螺栓公称直径(mm)	M16	M20	M22	M24	M27	M30
初拧(复拧)扭矩	115	200	300	390	560	760

（3）终拧应以拧掉螺栓尾部梅花头为准，少数不能用专用扳手进行终拧的螺栓，可按《钢结构工程施工规范》GB 50755—2012 第 7.4.6 条规定的方法进行终拧，扭矩系数 k 应取 0.13；

（4）初拧或复拧后应对螺母涂画颜色标记。

扭剪型高强度螺栓以扭断螺栓尾部梅花部分为终拧完成，无终拧扭矩规定，因而初拧的扭矩是参照大六角头高强度螺栓，取扭矩系数的中值 0.13，按式（1-5）中 T_c 的 50% 确定的。

注：本内容参照《钢结构工程施工规范》GB 50755—2012 第 7.4.7 条规定。

扭剪型高强度螺栓终拧检查，应以目测尾部梅花头拧断为合格。不能用专用扳手拧紧的扭剪型高强度螺栓，应按《钢结构工程施工规范》GB 50755—2012 第 7.4.11 条的规定进行质量检查。

注：本内容参照《钢结构工程施工规范》GB 50755—2012 第 7.4.13 条规定。

1.4 钢管混凝土柱与钢筋混凝土梁连接点构造

《工程质量安全手册》第 3.4.4 条：

钢管混凝土柱与钢筋混凝土梁连接节点核心区的构造应符合设计要求。

实施细则：

1.4.1 钢管混凝土柱与钢筋混凝土梁连接点

1.4.1.1 质量目标

钢管混凝土柱与钢筋混凝土梁连接节点核心区的构造及钢筋的规格、位置、数量应符合设计要求。

检查数量：全数检查。

检验方法：观察检查，检查施工记录和隐蔽工程验收记录。

注：本内容参照《钢管混凝土工程施工质量验收规范》GB 50628—2010 第 4.5.1 条规定。

1.4.1.2 质量保障措施

钢管混凝土柱与钢筋混凝土梁采用钢管贯通型节点连接时，在核心区内的钢管外壁处理应符合设计要求，设计无要求时，钢管外壁应焊接不少于两道闭合的钢筋环箍，环箍钢筋直径、位置及焊接质量应符合专项施工方案要求。

检查数量：全数检查。

检验方法：观察检查，检查施工记录。

本条规定钢管混凝土柱通过钢管柱梁连接核心区的处理要求。钢管柱与钢筋混凝土梁采用钢管贯通型连接时，连接措施符合设计要求；当设计无要求时，闭合的箍筋环箍应满足下列要求：钢管直径不大于400mm时，环箍钢筋直径不宜小于14mm；钢管直径大于400mm时，环箍钢筋直径不宜小于16mm。环箍宜设在核心区的中下部位置，环箍与钢管焊缝应符合焊接要求。

注：本内容参照《钢管混凝土工程施工质量验收规范》GB 50628—2010 第4.5.2条规定。

钢管混凝土柱与钢筋混凝土梁连接采用钢管柱非贯通型节点连接时，钢板翅片、厚壁连接钢管及加劲肋板的规格、数量、位置与焊接质量应符合设计要求。

检查数量：全数检查。

检验方法：观察检查、尺量检查和检查施工记录。

钢管混凝土柱与钢筋混凝土梁采用非贯通型连接时，钢管柱不直接通过核心区，而采用转换型连接，是另一种核心节点处理形式。在钢管上增加钢板翅片、厚壁连接钢管、加劲肋板等，来达到连接的作用。其连接措施应符合设计要求。

注：本内容参照《钢管混凝土工程施工质量验收规范》GB 50628—2010 第4.5.3条规定。

梁纵向钢筋通过钢管混凝土柱核心区应符合下列规定：

（1）梁的纵向钢筋位置、间距应符合设计要求；

（2）边跨梁的纵向钢筋的锚固长度应符合设计要求；

（3）梁的纵向钢筋宜直接贯通核心区，且连接接头不宜设置在核心区。

检查数量：全数检查。

检验方法：观察检查、尺量检查和检查隐蔽工程验收记录。

注：本内容参照《钢管混凝土工程施工质量验收规范》GB 50628—2010 第4.5.4条规定。

通过梁柱节点核心区的梁纵向钢筋的净距不应小于40mm，且不小于混凝土骨料粒径的1.5倍。绕过钢管布置的纵向钢筋的弯折度应满足设计要求。

检查数量：全数检查。

检验方法：观察检查、尺量检查。

注：本内容参照《钢管混凝土工程施工质量验收规范》GB 50628—2010 第4.5.5条规定。

钢管混凝土柱与钢筋混凝土梁连接允许偏差应符合表1-17的规定。

检查数量：全数检查。

检验方法：见表1-17。

钢管混凝土柱与钢筋混凝土梁连接允许偏差（mm）　表1-17

项　目	允许偏差	检验方法
梁中心线对柱中心线偏移	5	经纬仪、吊线和尺量检查
梁标高	±10	水准仪、尺量检查

注：本内容参照《钢管混凝土工程施工质量验收规范》GB 50628—2010 第4.5.6条

规定。

1. 钢筋混凝土梁与钢管混凝土柱的管外剪力传递

钢筋混凝土梁与钢管混凝土柱的连接构造应同时符合管外剪力传递及弯矩传递的受力规定。

注：本内容参照《钢管混凝土结构技术规范》GB 50936—2014 第 7.2.7 条规定。

钢筋混凝土梁与钢管混凝土柱连接时，钢管外剪力传递可采用环形牛腿或承重销；钢筋混凝土无梁楼板或井式密肋楼板与钢管混凝土柱连接时，钢管外剪力传递可采用台锥式环形深牛腿。

注：本内容参照《钢管混凝土结构技术规范》GB 50936—2014 第 7.2.8 条规定。

环形牛腿、台锥式环形深牛腿可由呈放射状均匀分布的肋板和上下加强环组成（图 1-8）。

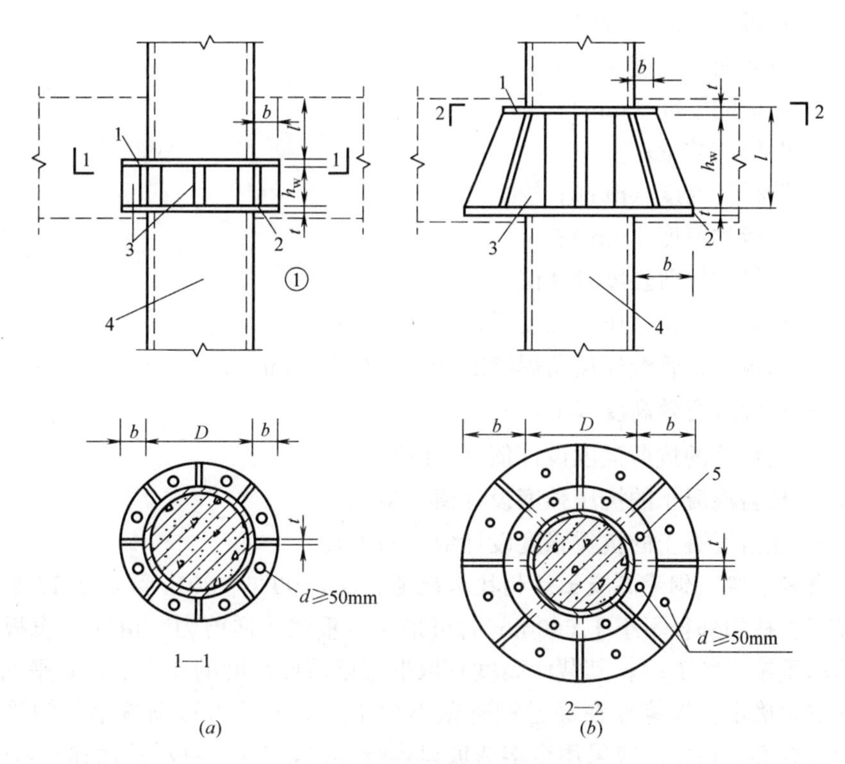

图 1-8 环形牛腿构造示意图

（a）环形牛腿；（b）台锥式深牛腿

1—上加强环；2—下加强环；3—腹板（肋板）；4—钢管混凝土柱；5—根据上加强环宽确定是否开孔

肋板应与钢管壁外表面及上下加强环采用角焊缝焊接，上下加强环可分别与钢管壁外表面采用角焊缝焊接。环形牛腿的上下加强环、台锥式深牛腿的下加强环应设置直径不小于 50mm 的圆孔。台锥式环形深牛腿下加强环的直径可由楼板的冲切强度确定。

注：本内容参照《钢管混凝土结构技术规范》GB 50936—2014 第 7.2.9 条规定。

环形牛腿及台锥式环形深牛腿的受剪承载力可按下列公式计算：

$$V_u = \min\{V_{u1}, V_{u2}, V_{u3}, V_{u4}, V_{u5}\}$$

$$V_{u1}=\pi(D+b)bf_c$$

$$V_{u2}=nh_w t_w f_v$$

$$V_{u3}=\sum l_w h_c f_f^w$$

$$V_{u4}=\pi(D+2b)l\cdot 2f_t$$

$$V_{u5}=4\pi t(h_w+t)f_s$$

式中 V_{u1}——由环形牛腿支承面上的混凝土局部承压强度决定的受剪承载力（N）；

V_{u2}——由肋板抗剪强度决定的受剪承载力（N）；

V_{u3}——由肋板与管壁的焊接强度决定的受剪承载力（N）；

V_{u4}——由环形牛腿上部混凝土的直剪（或冲切）强度决定的受剪承载力（N）；

V_{u5}——由环形牛腿上、下环板决定的受剪承载力（N）；

D——钢管的外径（mm）；

b——环板的宽度（mm）；

l——直剪面的高度（mm）；

t——环板的厚度（mm）；

n——肋板的数量；

h_w——肋板的高度（mm）；

t_w——肋板的厚度（mm）；

f_v——钢材的抗剪强度设计值（MPa）；

f_s——钢材的抗拉（压）强度设计值（MPa）；

$\sum l_w$——肋板与钢管壁连接角焊缝的计算总长度（mm）；

h_c——角焊缝有效高度（mm）；

f_f^w——角焊缝的抗剪强度设计值（MPa）；

f_c——楼盖混凝土的抗压强度设计值（MPa）；

f_t——楼盖混凝土的抗拉强度设计值（MPa）。

注：本内容参照《钢管混凝土结构技术规范》GB 50936—2014 第 7.2.10 条规定。

钢管混凝土柱的外径不小于 600mm 时可采用承重销传递剪力。由穿心腹板和上下翼缘板组成的承重销（图 1-9），其截面高度宜取框架梁截面高度的 0.5 倍，其平面位置应根据框架梁的位置确定。翼缘板在穿过钢管壁不少于 50mm 后可逐渐减窄。钢管与翼缘板之间、钢管与穿心腹板之间应采用全熔透坡口焊缝焊接，穿心腹板与对面的钢管壁之间或与另一方向的穿心腹板之间应采用角焊缝焊接。

注：本内容参照《钢管混凝土结构技术规范》GB 50936—2014 第 7.2.11 条规定。

承重销的受剪承载力可按下列公式计算：

$$V_u=\min\{V_{u1},V_{u2},V_{u3}\}$$

$$V_{u1}=0.75\beta_2 f_c A_1$$

$$V_{u2}=\frac{Ibf_v}{S_1}$$

$$V_{u3}=\frac{Wf_s}{l-x/2}$$

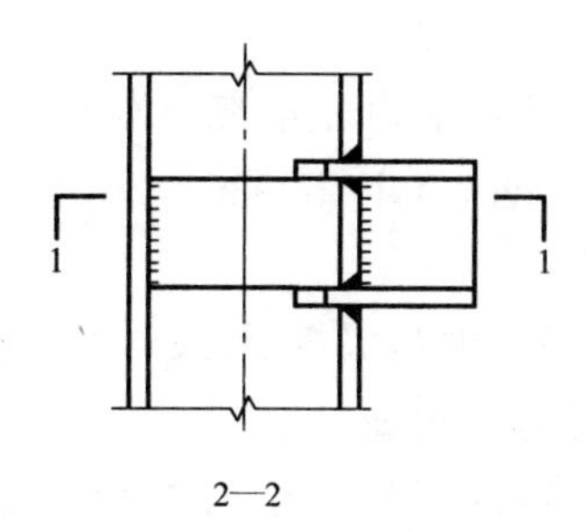

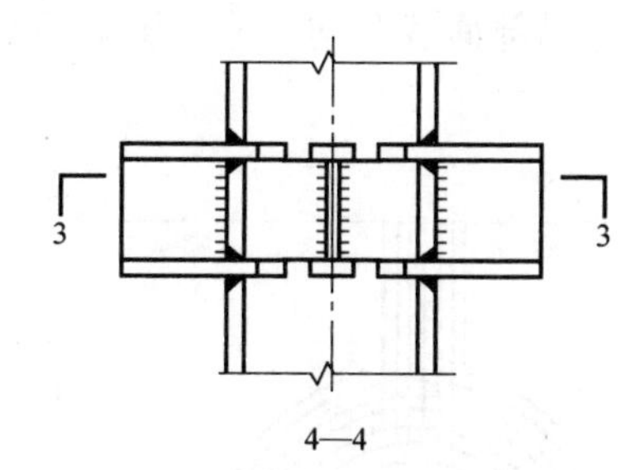

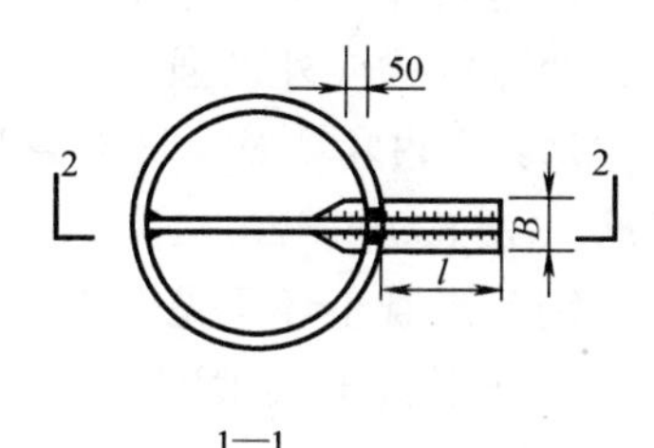

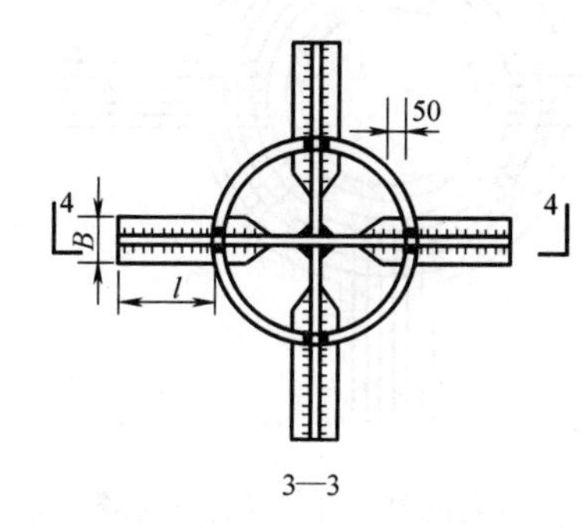

图 1-9 承重销构造示意图

$$\beta_2=\sqrt{\frac{A_b}{A_1}}$$

$$A_1=B\cdot l$$

$$A_b\leqslant 3A_1$$

$$x=V/(\omega\beta_2 Bf_c)$$

式中 V_{u1}——由承重销伸出柱外的翼缘顶面混凝土的局部受压承载力决定的受剪承载力（N）；

V_{u2}——由承重销腹板决定的受剪承载力（N）；

V_{u3}——由承重销翼缘受弯承载力决定的受剪承载力（N）；

V——承重销的剪力设计值（N）；

β_2——混凝土局部受压强度提高系数；

A_b——混凝土局部受压计算底面积（mm^2）；

A_1——混凝土局部受压面积（mm^2）；

B——承重销翼缘宽度（mm）；

l——承重销伸出柱外的长度（mm），一般可取 $l=(200\sim300)$mm；

I——承重销截面惯性矩（mm^4）；

b——承重销腹板厚度（mm）；

S_1——承重销中和轴以上面积矩（mm^3）；

W——承重销截面抵抗矩（mm^3）；

x——梁端剪力在承重销翼缘上的分布长度（mm）；

f_c——混凝土轴心抗压强度设计值（MPa）；

f_v——钢材抗剪强度设计值（MPa）；

f_s——钢材抗拉强度设计值（MPa）。

ω——局部荷载非均匀分布影响系数，取 ω=0.75。

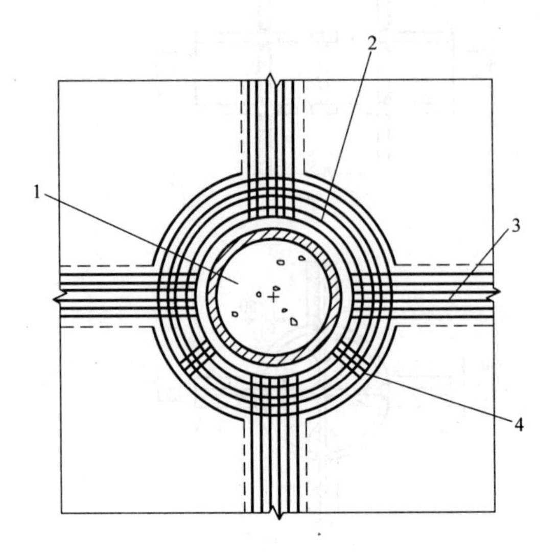

图 1-10 钢筋混凝土环梁构造示意图
1—钢管混凝土柱；2—主梁环筋；
3—框架梁纵筋；4—环梁箍筋

注：本内容参照《钢管混凝土结构技术规范》GB 50936—2014 第 7.2.12 条规定。

2. 钢筋混凝土梁与钢管混凝土柱的管外弯矩传递

钢筋混凝土梁与钢管混凝土柱的管外弯矩传递可采用钢筋混凝土环梁、穿筋单梁、变宽度梁或外加强环。

注：本内容参照《钢管混凝土结构技术规范》GB 50936—2014 第 7.2.13 条规定。

钢筋混凝土环梁见图 1-10。

钢筋混凝土梁-圆钢管混凝土柱的环梁节点配筋计算方法如下：

(1) 当环梁（图 1-11）上部环向钢筋的直径相同、水平间距相等时，环梁受拉环筋面积及箍筋单肢面积应符合下列规定：

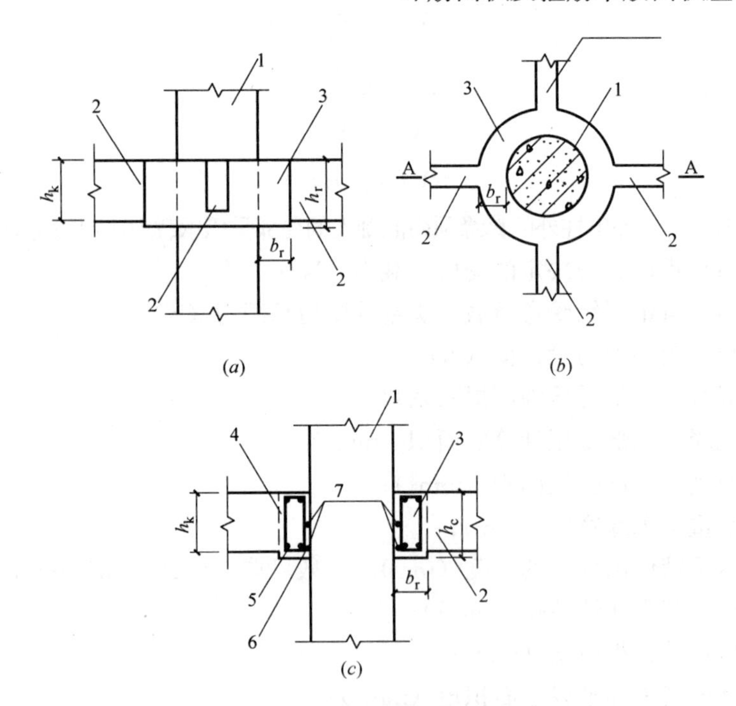

图 1-11 RC 梁-圆钢管混凝土柱节点简图
(a) 节点侧面图；(b) 节点平面图；(c) A—A 剖面图
1—钢管混凝土柱；2—RC 框架梁；3—环梁；4—环梁箍筋；5—外环钢筋；6—内环钢筋；7—抗剪环

1) 不考虑楼板的有利作用时，应按下列公式要求：

$$\lambda \geqslant \frac{2\sin\theta_2}{7\sin\theta_1}$$

$$A_{sh} \geqslant \frac{M_k}{1.4\alpha_{dp} f_{yh} l_r \left\{ \frac{5}{7}\sin\theta_2 + \lambda\sin\theta_2 + \lambda\frac{R-r}{l_r}[\sin(\theta_2+\alpha_0)-\sin\theta_2] \right\}}$$

2）考虑楼板的有利作用时，应按下列公式验算：

$$\lambda \geqslant \frac{2\beta_1 \sin\theta_2}{7\beta_2 \sin\theta_1}$$

$$A_{sh} \geqslant \frac{M_k}{1.4\alpha_{dp} f_{yh} l_r \left\{ \frac{5}{7\beta_2}\sin\theta_2 + \frac{\lambda}{\beta_1}\sin\theta_2 + \lambda\frac{R-r}{\beta_3 l_r}[\sin(\theta_2+\alpha_0)-\sin\theta_2] \right\}}$$

$$\theta_1 = \arcsin[b_k/(2R)]$$

$$\theta_2 = \pi/4 + \arcsin\left[\frac{r}{R}\sin(\theta_1 - \pi/4)\right]$$

$$\alpha_0 = \min\left\{ \frac{\sqrt{3}h_r}{3R}, \arccos\frac{r}{R} - \theta_2, \pi/4 - \theta_2 \right\}$$

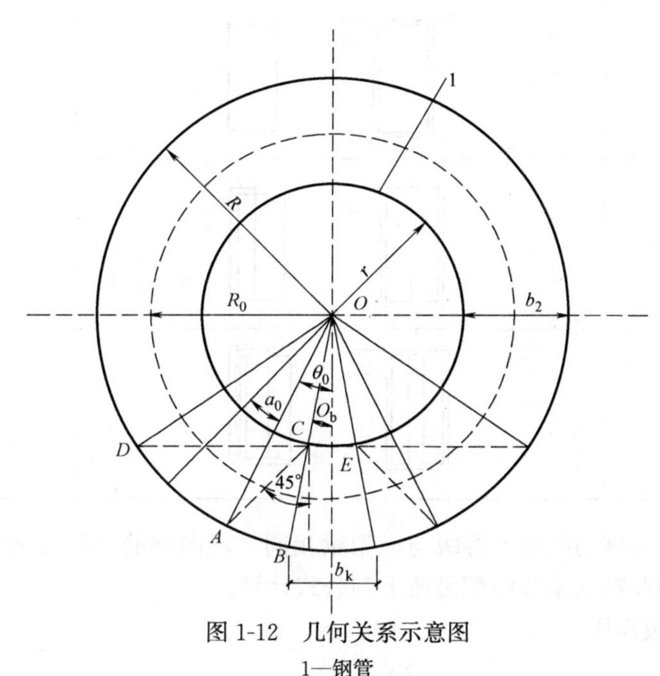

图 1-12　几何关系示意图

1—钢管

在负弯矩作用下，β_1 取 0.5，β_2 取 0.65，β_3 取 0.6；正弯矩作用下取 $\beta_1=\beta_2=\beta_3=1.0$。$\theta_1$、$\theta_2$、$\alpha_0$、$R$、$r$ 等参数几何含义应按图 1-12 执行。

3）环梁箍筋单肢面积应按下列公式计算：

$$A_{sv} = 0.7 f_{yh} A_{sh} \lambda \gamma_H / (\alpha_v f_{yv})$$

式中　λ——剪环比，为环梁箍筋名义拉力与环梁受拉环筋名义拉力的比值，$\lambda=F_v/F_h$，可取 0.35～0.7，不考虑楼板的作用时取较高值，考虑楼板的作用时取较低值；

F_h——受拉环筋的名义拉力（N），$F_h=0.7f_{yh}A_{sh}$；

f_{yh}——环向钢筋抗拉强度设计值（MPa）；

A_{sh}——环向钢筋的截面面积（mm^2）；

F_v——环梁箍筋的名义拉力（N），$F_v=\alpha_v A_{sv} f_{yv}/\gamma_H$；

f_{yv}——箍筋抗拉强度设计值（MPa）；

γ_H——箍筋间夹角（弧度），$\gamma_H=S/(r+b_h/2)$；

S——环梁中线处箍筋间距（mm）；

A_{sv}——环梁箍筋单肢面积（mm^2）；

α_v——闭合箍筋计算系数，应按表 1-18 取值；

M_k——由实配钢筋计算得出的框架梁梁端截面弯矩（N·mm）；

α_{dp}——试验修正系数，取 $\alpha_{dp}=1.3$；

h_r——环梁截面高度（mm）。

闭合箍筋计算系数 **表 1-18**

箍筋形式	图 例	α_v
1	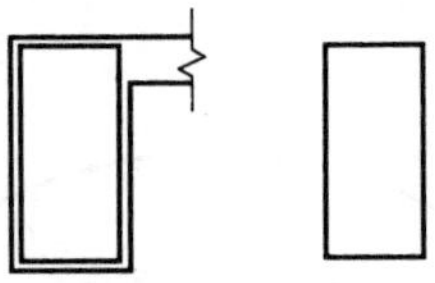	1.00
2	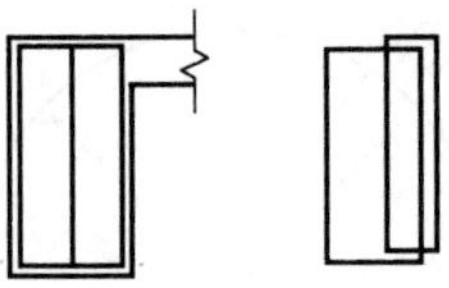	2.00
3	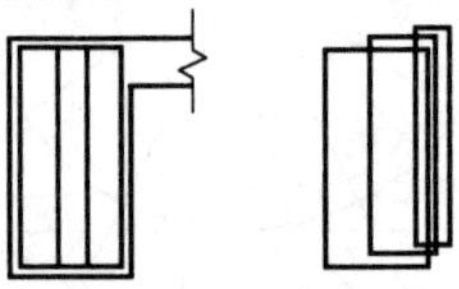	3.00

（2）当环梁环向钢筋的强度等级与框架梁相同，环向钢筋直径相同、水平间距相等，环梁受拉环筋面积及箍筋单肢面积可按下列公式计算：

1）不考虑楼板作用

$$A_{sh}=0.86A_{sk}$$

$$A_{sv}=0.36f_y A_{sk}\gamma_H/(f_{yv}\alpha_v)$$

2）考虑楼板作用

$$A_{sh}=0.7A_{sk}$$

$$A_{sv}=0.19f_y A_{sk}\gamma_H/(f_{yv}\alpha_v)$$

式中 A_{sk}——框架梁梁端受拉钢筋面积（mm^2）；

f_y——环梁环向钢筋的受拉强度设计值（MPa）；

A_{sv}——环梁箍筋单肢箍面积（mm^2）；

f_{yv}——箍筋的抗拉强度设计值（MPa）；

γ_H——箍筋间夹角（弧度），应按（1）计算；

α_v——闭合箍筋计算系数，应按表 1-18 取值。

（3）当采用钢筋混凝土无梁楼盖时，楼盖与圆钢管混凝土柱的环梁节点中，环梁环筋面积应按下式计算：

$$A_{sh}=1.15A_{sk}$$

环梁箍筋单肢面积应按下式计算：

$$A_{sv}=0.14f_{yh}A_{sk}\gamma_H/(f_{yv}\alpha_v)$$

式中 A_{sk}——钢管混凝土柱范围内受拉板筋的面积（mm^2）；

f_{yh}——环梁环向钢筋的受拉强度设计值（MPa）；

A_{sv}——环梁箍筋单肢箍面积（mm^2）；

f_{yv}——箍筋的抗拉强度设计值（MPa）；

γ_H——箍筋间夹角（弧度），应按（1）计算；

α_v——闭合箍筋计算系数，应按表 1-18 取值。

注：本内容参照《钢管混凝土结构技术规范》GB 50936—2014 第 7.2.14 条、附录 D 规定。

环梁的构造应符合下列规定：

（1）环梁截面高度宜比框架梁高 50mm；

（2）环梁的截面宽度不宜小于框架梁宽度；

（3）框架梁的纵向钢筋在环梁内的锚固长度应满足现行国家标准《混凝土结构设计规范》GB 50010 的规定；

（4）环梁上下环筋的截面积，应分别不宜小于框架梁上下纵筋截面积的 0.7 倍；

（5）环梁内外侧应设置环向腰筋，腰筋直径不宜小于 14mm，间距不宜大于 150mm；

（6）环梁按构造设置的箍筋直径不宜小于 10mm，外侧间距不宜大于 150mm。

注：本内容参照《钢管混凝土结构技术规范》GB 50936—2014 第 7.2.14 条规定。

采用穿筋单梁构造时（图 1-13），在钢管开孔的区段应采用内衬管段或外套管段与钢

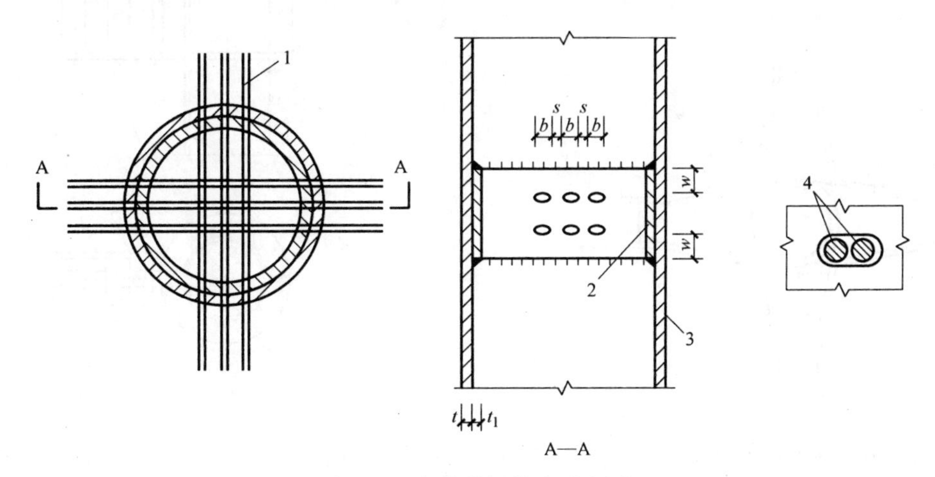

图 1-13 穿筋单梁构造示意图

1—双钢筋；2—内衬管段；3—柱钢管；4—双筋并股穿孔

管壁紧贴焊接，衬（套）管的壁厚不应小于钢管的壁厚，穿筋孔的环向净矩 s 不应小于孔的长径 b，衬（套）管端面至孔边的净距 w 不应小于孔长径 b 的 2.5 倍。宜采用双筋并股穿孔。

注：本内容参照《钢管混凝土结构技术规范》GB 50936—2014 第 7.2.15 条规定。

钢管直径较小或梁宽较大时可采用梁端加宽的变宽度梁传递管外弯矩（图 1-14），一个方向梁的 2 根纵向钢筋可穿过钢管，梁的其余纵向钢筋应连续绕过钢管，绕筋的斜度不应大于 1/6，应在梁变宽度处设置箍筋。

注：本内容参照《钢管混凝土结构技术规范》GB 50936—2014 第 7.2.16 条规定。

钢筋混凝土梁与钢管混凝土柱采用外加强环连接时，应符合下列规定：

（1）钢管外设置加强环板，梁内的纵向钢筋可焊在加强环板上（图 1-15）；或通过钢筋套筒与加强环板相连，此时应在钢牛腿上焊接带有孔洞的钢板连接件，钢筋穿过钢板连接件上的孔洞应与钢筋套筒连接。

（2）当受拉钢筋较多时，腹板可增加至 2～3 块，将钢筋焊在腹板上。

（3）加强环板的宽度 b_s 与钢筋混凝土梁等宽。加强环板的厚度 t 应符合下式规定：

$$t \geqslant \frac{A_s f_s}{b_s f}$$

式中 A_s——焊接在加强环板上全部受力负弯矩钢筋的截面面积（mm^2）；

f_s——钢筋的抗拉强度设计值（MPa）；

b_s——牛腿的宽度（mm）；

f——外加强环钢材的抗拉强度设计值（MPa）。

注：本内容参照《钢管混凝土结构技术规范》GB 50936—2014 第 7.2.17 条规定。

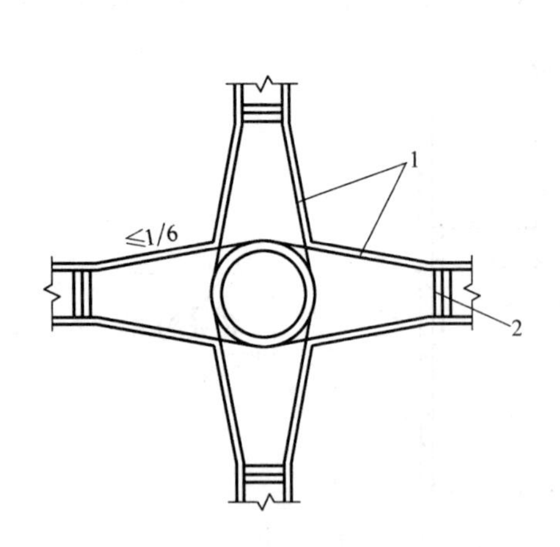

图 1-14 变宽度梁构造示意图

1—框架梁纵筋；2—附加箍筋

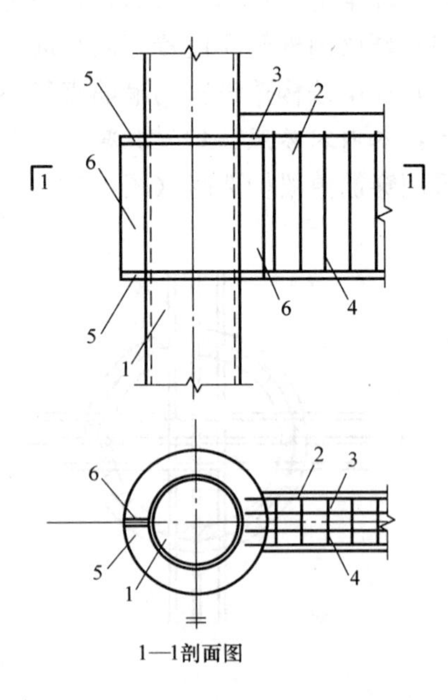

图 1-15 钢筋混凝土梁-钢管混凝土柱外加强环节点

1—实心钢管混凝土柱；2—钢筋混凝土梁；3—纵向主筋；4—箍筋；5—外加强环板翼缘；6—外加强环板腹板

1.5 钢管内混凝土强度

《工程质量安全手册》第 3.4.5 条：

钢管内混凝土的强度等级应符合设计要求。

实施细则：

1.5.1 混凝土强度要求

1.5.1.1 质量目标

钢管内混凝土的强度等级应符合设计要求。

检查数量：全数检查。

检验方法：检查试件强度试验报告。

注：本内容参照《钢管混凝土工程施工质量验收规范》GB 50628—2010 第 4.7.1 条规定。

1.5.1.2 质量保证措施

钢管内的混凝土强度等级不应低于 C30。混凝土的抗压强度和弹性模量应按下列执行；当采用 C80 以上高强混凝土时，应有可靠的依据。

混凝土轴心抗压强度的标准值 f_{ck} 应按表 1-19 采用；轴心抗拉强度的标准值 f_{tk} 应按表 1-20 采用。

混凝土轴心抗压强度标准值（N/mm²）　　表 1-19

强度	混凝土强度等级													
	C15	C20	C25	C30	C35	C40	C45	C50	C55	C60	C65	C70	C75	C80
f_{ck}	10.0	13.4	16.7	20.1	23.4	26.8	29.6	32.4	35.5	38.5	41.5	44.5	47.4	50.2

混凝土轴心抗拉强度标准值（N/mm²）　　表 1-20

强度	混凝土强度等级													
	C15	C20	C25	C30	C35	C40	C45	C50	C55	C60	C65	C70	C75	C80
f_{tk}	1.27	1.54	1.78	2.01	2.20	2.39	2.51	2.64	2.74	2.85	2.93	2.99	3.05	3.11

混凝土轴心抗压强度的设计值 f_c 应按表 1-21 采用；轴心抗拉强度的设计值 f_t 应按表 1-22 采用。

混凝土轴心抗压强度设计值（N/mm²）　　表 1-21

强度	混凝土强度等级													
	C15	C20	C25	C30	C35	C40	C45	C50	C55	C60	C65	C70	C75	C80
f_c	7.2	9.6	11.9	14.3	16.7	19.1	21.1	23.1	25.3	27.5	29.7	31.8	33.8	35.9

混凝土轴心抗拉强度设计值（N/mm²） 表 1-22

强度	混凝土强度等级													
	C15	C20	C25	C30	C35	C40	C45	C50	C55	C60	C65	C70	C75	C80
f_t	0.91	1.10	1.27	1.43	1.57	1.71	1.80	1.89	1.96	2.04	2.09	2.14	2.18	2.22

混凝土受压和受拉的弹性模量 E_c 宜按表 1-23 采用。

混凝土的剪切变形模量 G_C 可按相应弹性模量值的 40%采用。

混凝土泊松比 ν_c 可按 0.2 采用。

混凝土的弹性模量（×10⁴N/mm²） 表 1-23

混凝土强度等级	C15	C20	C25	C30	C35	C40	C45	C50	C55	C60	C65	C70	C75	C80
E_c	2.20	2.55	2.80	3.00	3.15	3.25	3.35	3.45	3.55	3.60	3.65	3.70	3.75	3.80

注：1. 当有可靠试验依据时，弹性模量可根据实测数据确定；

2. 当混凝土中掺有大量矿物掺合料时，弹性模量可按规定龄期根据实测数据确定。

注：本内容参照《钢管混凝土结构技术规范》GB 50936—2014 第 3.2.1 条、《混凝土结构设计规范》GB 50010—2010 第 4.1.3 条、《混凝土结构设计规范》GB 50010—2010 第 4.1.4 条、《混凝土结构设计规范》GB 50010—2010 第 4.1.5 条规定。

1.6 防火涂料的粘结强度、抗压强度

《工程质量安全手册》第 3.4.6 条：

钢结构防火涂料的粘结强度、抗压强度应符合设计和规范要求。

实施细则：

1.6.1 粘结强度与抗压强度要求

1.6.1.1 质量目标

钢结构防火涂料的粘结强度、抗压强度应符合国家现行标准《钢结构防火涂料应用技术规程》CECS 24 的规定。检验方法应符合现行国家标准《建筑构件耐火试验方法》GB/T 9978 的规定。

检查数量：每使用 100t 或不足 100t 薄涂型防火涂料应抽检一次粘结强度；每使用 500t 或不足 500t 厚涂型防火涂料应抽检一次粘结强度和抗压强度。

检验方法：检查复检报告。

注：本内容参照《钢结构工程施工质量验收规范》GB 50205—2001 第 14.3.2 条规定。

1.6.1.2 质量保证措施

1. 一般要求

(1) 用于制造防火涂料的原料应不含石棉和甲醛，不宜采用苯类溶剂。

(2) 涂料可用喷涂、抹涂、刷涂、辊涂、刮涂等方法中的任何一种或多种方法方便地施工，并能在通常的自然环境条件下干燥固化。

(3) 复层涂料应相互配套，底层涂料应能同普通的防锈漆配合使用，或者底层涂料自身具有防锈性能。

(4) 涂层实干后不应有刺激性气味。

2. 性能指标

(1) 室内钢结构防火涂料的技术性能应符合表 1-24 的规定。

室内钢结构防火涂料技术性能 表 1-24

序号	检验项目		技术指标			缺陷分类
			NCB	NB	NH	
1	在容器中的状态		经搅拌后呈均匀细腻状态，无结块	经搅拌后呈均匀液态或稠厚流体状态，无结块	经搅拌后呈均匀稠厚流体状态，无结块	C
2	干燥时间(表干)(h)		≤8	≤12	≤24	C
3	外观与颜色		涂层干燥后，外观与颜色同样品相比应无明显差别	涂层干燥后，外观与颜色同样品相比应无明显差别	—	C
4	初期干燥抗裂性		不应出现裂纹	允许出现 1～3 条裂纹，其宽度应≤0.5mm	允许出现 1～3 条裂纹，其宽度应≤1mm	C
5	粘结强度(MPa)		≥0.20	≥0.15	≥0.04	B
6	抗压强度(MPa)		—	—	≥0.3	C
7	干密度(kg/m^3)		—	—	≤500	C
8	耐水性(h)		≥24 涂层应无起层、发泡、脱落现象	≥24 涂层应无起层、发泡、脱落现象	≥24 涂层应无起层、发泡、脱落现象	B
9	耐冷热循环性(次)		≥15 涂层应无开裂、剥落、起泡现象	≥15 涂层应无开裂、剥落、起泡现象	≥15 涂层应无开裂、剥落、起泡现象	B
10	耐火性能	涂层厚度(不大于)(mm)	2.00±0.20	5.0±0.5	25±2	A
		耐火极限(不低于)(h)(以 136b 或 140b 标准工字钢梁作基材)	1.0	1.0	2.0	

注：裸露钢梁耐火极限为 15min（136b、140b 验证数据），作为表中 0mm 涂层厚度耐火极限基础数据。

注：本内容参照《钢结构防火涂料》GB 14907—2002 第 5.2.1 条规定。

(2) 室外钢结构防火涂料的技术性能应符合表 1-25 的规定。

室外钢结构防火涂料技术性能 表 1-25

序号	检验项目	技术指标			缺陷分类
		WCB	WB	WH	
1	在容器中的状态	经搅拌后细腻状态，无结块	经搅拌后呈均匀液态或稠厚流体状态，无结块	经搅拌后呈均匀稠厚流体状态，无结块	C
2	干燥时间(表干)(h)	≤8	≤12	≤24	C

续表

序号	检验项目		技术指标			缺陷分类
			WCB	WB	WH	
3	外观与颜色		涂层干燥后，外观与颜色同样品相比应无明显差别	涂层干燥后，外观与颜色同样品相比应无明显差别	—	C
4	初期干燥抗裂性		不应出现裂纹	允许出现1～3条裂纹，其宽度应≤0.5mm	允许出现1～3条裂纹，其宽度应≤1mm	C
5	粘结强度(MPa)		≥0.20	≥0.15	≥0.04	B
6	抗压强度(MPa)		—	—	≥0.5	C
7	干密度(kg/m³)		—	—	≤650	C
8	耐曝热性(h)		≥720涂层应无起层、脱落、空鼓、开裂现象	≥720涂层应无起层、脱落、空鼓、开裂现象	≥720涂层应无起层、脱落、空鼓、开裂现象	B
9	耐湿热性(h)		≥504涂层应无起层、脱落现象	≥504涂层应无起层、脱落现象	≥504涂层应无起层、脱落现象	B
10	耐冻融循环性(次)		≥15涂层应无开裂、脱落、起泡现象	≥15涂层应无开裂、脱落、起泡现象	≥15涂层应无开裂、脱落、起泡现象	B
11	耐酸性(h)		≥360涂层应无起层、脱落、开裂现象	≥360涂层应无起层、脱落、开裂现象	≥360涂层应无起层、脱落、开裂现象	B
12	耐碱性(h)		≥360涂层应无起层、脱落、开裂现象	≥360涂层应无起层、脱落、开裂现象	≥360涂层应无起层、脱落、开裂现象	B
13	耐盐雾腐蚀性(次)		≥30涂层应无起泡、明显的变质、软化现象	≥30涂层应无起泡、明显的变质、软化现象	≥30涂层应无起泡、明显的变质、软化现象	B
14	耐火性能	涂层厚度(不大于)(mm)	2.00±0.20	5.0±0.5	25±2	A
		耐火极限(不低于)(h)(以136b或140b标准工字钢梁作基材)	1.0	1.0	2.0	

注：裸露钢梁耐火极限为15min（136b、140b验证数据），作为表中0mm涂层厚度耐火极限基础数据，耐久性项目（耐曝热性、耐湿热性、耐冻融循环性、耐酸性、耐碱性、耐盐雾腐蚀性）的技术要求除表中规定外，还应满足附加耐火性能的要求，方能判定该对应项性能合格。耐酸性和耐碱性可仅进行其中一项测试。

注：本内容参照《钢结构防火涂料》GB 14907—2002第5.2.2条规定。

3. 薄涂型钢结构防火涂层

薄涂型钢结构防火涂层应符合下列要求：

(1) 涂层厚度符合设计要求。

(2) 无漏涂、脱粉、明显裂缝等。如有个别裂缝，其宽度不大于0.5mm。

(3) 涂层与钢基材之间和各涂层之间，应粘结牢固，无脱层、空鼓等情况。

(4) 颜色与外观符合设计规定，轮廓清晰，接槎平整。

注：本内容参照《钢结构防火涂料应用技术规范》CECS 24—1990第4.0.3条规定。

薄涂型钢结构防火涂料的主要技术性能按《钢结构防火涂料应用技术规范》CECS

24—1990 附录二的有关方法试验，其技术指标应符合表 1-26 的规定。

薄涂型钢结构防火涂料性能　　表 1-26

项　目		指　标		
粘性强度(MPa)		≥0.15		
抗弯性		挠曲 $L/100$，涂层不起层、脱落		
抗振性		挠曲 $L/200$，涂层不起层、脱落		
耐水性(h)		≥24		
耐冻融循环性(次)		≥15		
耐火极限	涂层厚度(mm)	3	5.5	7
	耐火时间不低于(h)	0.5	1.0	1.5

注：本内容参照《钢结构防火涂料应用技术规范》CECS 24—1990 第 2.0.2 条规定。

4. 厚涂型钢结构防火涂层

厚涂型钢结构防火涂层应符合下列要求：

(1) 涂层厚度符合设计要求。如厚度低于原订标准，但必须大于原订标准的 85%，且厚度不足部位的连续面积的长度不大于 1m，并在 5m 范围内不再出现类似情况。

(2) 涂层应完全闭合，不应露底、漏涂。

(3) 涂层不宜出现裂缝。如有个别裂缝，其宽度不应大于 1mm。

(4) 涂层与钢基材之间和各涂层之间，应粘结牢固，无空鼓、脱层和松散等情况。

(5) 涂层表面应无乳突。有外观要求的部位，母线不直度和失圆度允许偏差不应大于 8mm。

注：本内容参照《钢结构防火涂料应用技术规范》CECS 24—1990 第 4.0.4 条规定。

厚涂型钢结构防火涂料的主要技术性能按附录二的有关方法试验，其技术指标应符合表 1-27 的规定。

厚涂型钢结构防火涂料性能　　表 1-27

项　目		指　标
粘结强度(MPa)		≥0.04
抗压强度(MPa)		≥0.3
干密度(kg/m^3)		≤500
热导率[W/(m·K)]		≤0.1160(0.1kcal/m·h·℃)
耐水性(h)		≥24
耐冻融循环性(次)		≥15
耐火极限	涂层厚度(mm)	15　20　30　40　50
	耐火时间不低于(h)	1.0　1.5　2.0　2.5　3.0

注：本内容参照《钢结构防火涂料应用技术规范》CECS 24—1990 第 2.0.3 条规定。

5. 钢结构防火涂料粘结强度试验方法

参照《合成树脂乳液砂壁状建筑涂料》JG/T 24 进行。

(1) 试件准备：将待测涂料按说明书规定的施工工艺施涂于 70mm×70mm×10mm

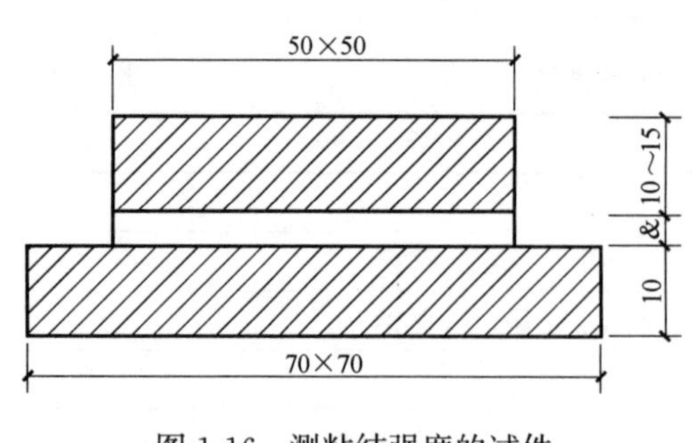

图 1-16　测粘结强度的试件

的钢板上（图 1-16）。

薄涂型膨胀防火涂料厚度 δ 为 3～4mm，厚涂型防火涂料厚度 δ 为 8～10mm。抹平，放在常温下干燥后将涂层修成 50mm×50mm，再用环氧树脂将一块 50mm×50mm×(10～15)mm 的钢板粘结在涂层上，以便试验时装夹。

（2）试验步骤：将准备好的试件装在试验机上，均匀连续加荷至试件涂层破裂为止。

粘结强度按下式计算：

$$f_b=\frac{F}{A}$$

式中　f_b——粘结强度（MPa）；

F——破坏荷载（N）；

A——涂层与钢板的粘结面面积（mm^2）。

每次试验，取 5 块试件测量，剔除最大和最小值，其结果应取其余 3 块的算术平均值，精确度为 0.01MPa。

注：本内容参照《钢结构防火涂料应用技术规范》CECS 24—1990 附录二第 2 条规定。

6. 钢结构防火涂料涂层抗压强度试验方法

将拌好的防火涂料注入 70.7mm×70.7mm×70.7mm 试模捣实抹平，待基本干燥同化后脱模，将涂料试块放置存 60±5℃的烘箱中干燥至恒重，然后用压力机测试，按下式计算抗压强度：

$$R=\frac{P}{A}$$

式中　R——抗压强度（MPa）；

P——破坏荷载（N）；

A——受压面积（mm^2）。

每次试验的试件 5 块，剔除最大和最小值，其结果应取其余 3 块的算术平均值，计算精确度为 0.01MPa。

注：本内容参照《钢结构防火涂料应用技术规范》CECS 24—1990 附录二第 3 条规定。

1.7　防火涂料涂层厚度

《工程质量安全手册》第 3.4.7 条：

薄涂型、厚涂型防火涂料的涂层厚度符合设计要求。

实施细则：

1.7.1 薄涂型防火涂料

1.7.1.1 质量目标

钢结构防火涂料按使用厚度可分为：

（1）超薄型钢结构防火涂料：涂层厚度小于或等于 3mm；

（2）薄型钢结构防火涂料：涂层厚度大于 3mm 且小于或等于 7mm；

注：本内容参照《钢结构防火涂料》GB 14907—2002 第 4.1.2 条规定。

1.7.1.2 质量保证措施

底涂层施工应满足下列要求：

底层一般喷 2～3 遍，每遍喷涂厚度不应超过 2.5mm，必须在前一遍干燥后，再喷涂后一遍。

操作者要携带测厚针检测涂层厚度，并确保喷涂达到设计规定的厚度。

注：本内容参照《钢结构防火涂料应用技术规范》CECS 24—1990 第 3.3.3 条规定。

薄涂型防火涂料的涂层厚度应符合有关耐火极限的设计要求。

检查数量：按同类构件数抽查 10%，且均不应少于 3 件。

检验方法：用涂层厚度测量仪、测针和钢尺检查。测量方法应符合国家现行标准《钢结构防火涂料应用技术规程》CECS 24∶90 的规定及《钢结构工程施工质量验收规范》GB 50205—2001 附录 F。

注：本内容参照《钢结构工程施工质量验收规范》GB 50205—2001 第 14.3.3 条规定。

钢结构防火涂料的涂层厚度，可按下列原则之一确定：

（1）按照有关规范对钢结构不同构件耐火极限的要求，根据标准耐火试验数据选定相应的涂层厚度。

（2）根据标准耐火试验数据，参照下列规定计算确定涂层的厚度。

1）钢结构防火涂料施用厚度计算方法

在设计防火保护涂层和喷涂施工时，根据标准试验得出的某一耐火极限的保护层厚度，确定不同规格钢构件达到相同耐火极限所需的同种防火涂料的保护层厚度，可参照下列经验公式计算：

$$T_1=\frac{W_2/D_2}{W_1/D_1}\times T_2\times K$$

式中 T_1——待喷防火涂层厚度（mm）；

T_2——标准试验时的涂层厚度（mm）；

W_1——待喷钢梁重量（kg/m）；

W_2——标准试验时的钢梁重量（kg/m）；

D_1——待喷钢梁防火涂层接触面周长（mm）；

D_2——标准试验时钢梁防火涂层接触面周长（mm）；

K——系数。对钢梁，$K=1$；对相应楼层钢柱的保护层厚度，宜乘以系数 K，设 $K=1.25$。

公式的限定条件为：$W/D\geqslant22$，$T\geqslant9$mm，耐火极限 $t\geqslant1$x。

注：本内容参照《钢结构防火涂料应用技术规范》CECS 24—1990 第 2.0.6 条、附录三规定。

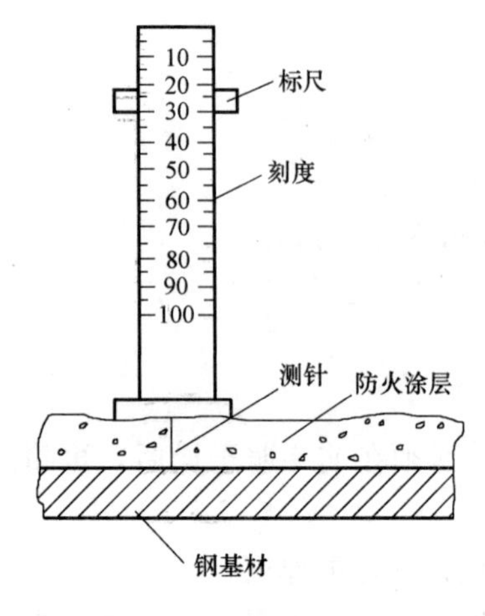

图 1-17　测厚度示意图

2）钢结构防火涂料涂层厚度测定方法

① 测针与测试图：

测针（厚度测量仪），由针杆和可滑动的圆盘组成，圆盘始终保持与针杆垂直，并在其上装有固定装置，圆盘直径不大于 30mm，以保证完全接触被测试件的表面。如果厚度测量仪不易插入被插材料中，也可使用其他适宜的方法测试。

测试时，将测厚探针（图 1-17）垂直插入防火涂层直至钢基材表面上，记录标尺读数。

② 测点选定：

a. 楼板和防火墙的防火涂层厚度测定，可选两相邻纵、横轴线相交中的面积为一个单元，在其对角线上，按每米长度选一点进行测试。

b. 全钢框架结构的梁和柱的防火涂层厚度测定，在构件长度内每隔 3m 取一截面，按图 1-18 所示位置测试。

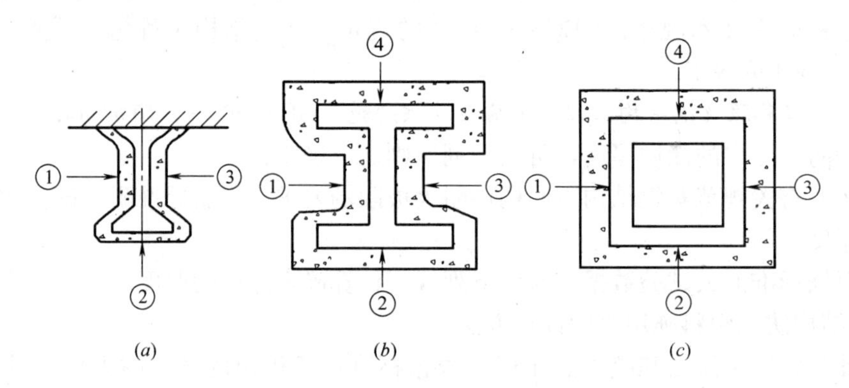

图 1-18　测点示意图

(a) 工字梁；(b) 工形柱；(c) 方形柱

c. 桁架结构，上弦和下弦按第二条的规定每隔 3m 取一截面检测，其他腹杆每根取一截面检测。

③ 测量结果：

对于楼板和墙面，在所选择的面积中，至少测出 5 个点；对于梁和柱在所选择的位置中，分别测出 6 个和 8 个点。分别计算出它们的平均值，精确到 0.5mm。

注：本内容参照《钢结构防火涂料应用技术规范》CECS 24—1990 附录四规定。

1.7.2　厚涂型防火涂料

1.7.2.1　质量目标

钢结构防火涂料按使用厚度可分为：

厚型钢结构防火涂料：涂层厚度大于 7mm 且小于或等于 45mm。

注：本内容参照《钢结构防火涂料》GB 14907—2002 第 4.1.2 条规定。

1.7.2.2 质量保证措施

喷涂施工应分遍完成，每遍喷涂厚度宜为 5～10mm，必须在前一遍基本干燥或固化后，再喷涂后一遍。喷涂保护方式、喷涂遍数与涂层厚度应根据施工设计要求确定。

注：本内容参照《钢结构防火涂料应用技术规范》CECS 24—1990 第 3.4.3 条规定。

厚涂型防火涂料涂层的厚度，80%及以上面积应符合有关耐火极限的设计要求，且最薄处厚度不应低于设计要求的 85%。

检查数量：按同类构件数抽查 10%，且均不应少于 3 件。

检验方法：用涂层厚度测量仪、测针和钢尺检查。测量方法应符合国家现行标准《钢结构防火涂料应用技术规程》CECS 24：90 的规定及《钢结构工程施工质量验收规范》GB 50205—2001 附录 F。

注：本内容参照《钢结构工程施工质量验收规范》GB 50205—2001 第 14.3.3 条规定。

钢结构防火涂料施用厚度计算方法和钢结构防火涂料涂层厚度测定方法参照 1.7.1.2 中相关规定。

1.8 防腐涂料的涂装

《工程质量安全手册》第 3.4.8 条：

钢结构防腐涂料涂装的涂料、涂装遍数、涂层厚度均符合设计要求。

实施细则：

1.8.1 防腐涂料

1.8.1.1 质量目标

钢结构防腐涂料、稀释剂和固化剂等材料的品种、规格、性能等应符合现行国家产品标准和设计要求。

检查数量：全数检查。

检验方法：检查产品的质量合格证明文件、中文标志及检验报告等。

注：本内容参照《钢结构工程施工质量验收规范》GB 50205—2001 第 5.6.1 条规定。

1.8.1.2 质量保证措施

(1) 面漆产品依据 GB/T 15957—1995 的级别分为Ⅰ型和Ⅱ型两类。

底漆产品依据耐盐雾性分为普通型和长效型两类。

注：本内容参照《建筑用钢结构防腐涂料》(JG/T 224—2007) 第 3 章规定。

(2) 面漆产品性能应符合表 1-28 的规定。

面漆产品性能要求 表 1-28

序号	项目		技术指标	
			Ⅰ型面漆	Ⅱ型面漆
1	容器中状态		搅拌后无硬块，呈均匀状态	
2	施工性		涂刷二道无障碍	
3	漆膜外观		正常	
4	遮盖力(白色或浅色[a])(g/m^2)		≤150	
5	干燥时间(h)	表干	≤4	
		实干	≤24	
6	细度[b](μm)		≤60(片状颜料除外)	
7	耐水性		168h 无异常	
8	耐酸性(5%H_2SO_4)		96h 无异常	168h 无异常
9	耐盐水性(3%NaCl)		120h 无异常	240h 无异常
10	耐盐雾性		500h 不起泡、不脱落	1000h 不起泡、不脱落
11	附着力(划格法)(级)		≤1	
12	耐弯曲性(mm)		≤2	
13	耐冲击性(cm)		≥30	
14	涂层耐温变性(5 次循环)		无异常	
15	贮存稳定性	结皮性(级)	≥8	
		沉降性(级)	≥6	
16	耐人工老化性(白色或浅色[c,d])		500h 不起泡、不剥落、无裂纹粉化≤1 级；变色≤2 级	1000h 不起泡、不剥落、无裂纹粉化≤1 级；变色≤2 级

a 浅色是指以白色涂料为主要成分，添加适量色浆后配制成的浅色涂料形成的涂膜所呈现的浅颜色，按 GB/T 15608—1995 中 4.3.2 规定明度值为 6～9 之间（三刺激值中的 Y_{D65}≥31.26）。

b 对多组分产品，细度是指主漆的细度。

c 面漆中含有金属颜料时不测定耐酸性。

d 其他颜色变色等级双方商定。

注：本内容参照《建筑用钢结构防腐涂料》JG/T 224—2007 第 4.1 节规定。

（3）底漆及中间漆产品性能应符合表 1-29 的规定。

底漆及中间漆产品性能要求 表 1-29

序号	项目		技术指标		
			普通底漆	长效型底漆	中间漆
1	容器中状态		搅拌后无硬块，呈均匀状态		
2	施工性		涂刷二道无障碍		
3	干燥时间(h)	表干	≤4		
		实干	≤24		
4	细度[a](μm)		≤70(片状颜料除外)		
5	耐水性		168h 无异常		

续表

序号	项目		技术指标		
			普通底漆	长效型底漆	中间漆
6	附着力(划格法)(级)		≤1		
7	耐弯曲性(mm)		≤2		
8	耐冲击性(cm)		≥30		
9	涂层耐温变性(5次循环)		无异常		
10	贮存稳定性	结皮性(级)	≥8		
		沉降性(级)	≥6		
11	耐盐雾性		200h不剥落、不出现红锈[b]	1000h不剥落、不出现红锈[b]	—
12	面漆适应性		商定		

a 对多组分产品，细度是指主漆的细度。

b 漆膜下面的钢铁表面局部或整体产生红色的氧化铁层的现象。它常伴随有漆膜的起泡、开裂、片落等病态。

注：本内容参照《建筑用钢结构防腐涂料》JG/T 224—2007 第4.2节规定。

(4) 防腐蚀面涂料的选择应符合下列规定：

1) 用于室外环境时，可选用氯化橡胶、脂肪族聚氨酯、聚氯乙烯萤丹、氯磺化聚乙烯、高氯化聚乙烯、丙烯酸聚氨酯、丙烯酸环氧等涂料。

2) 对涂层的耐磨、耐久和抗渗性能有较高要求时，宜选用树脂玻璃鳞片涂料。

注：本内容参照《建筑钢结构防腐蚀技术规程》JGJ/T 251—2011 第3.3.3条规定。

(5) 防腐蚀底涂料的选择应符合下列规定：

1) 锌、铝和含锌、铝金属层的钢材，其表面应采用环氧底涂料封闭；底涂料的颜料应采用锌黄类。

2) 在有机富锌或无机富锌底涂料上，宜采用环氧云铁或环氧铁红的涂料。

注：本内容参照《建筑钢结构防腐蚀技术规程》JGJ/T 251—2011 第3.3.4条规定。

(6) 防腐蚀涂料和稀释剂在运输、储存、施工及养护过程中，不得与酸、碱等化学介质接触。严禁明火，并应采取防尘、防曝晒措施。

注：本内容参照《建筑钢结构防腐蚀技术规程》JGJ/T 251—2011 第4.3.4条规定。

1.8.2 涂装遍数

1.8.2.1 质量目标

涂料、涂装遍数、涂层厚度均应符合设计要求。当设计对涂层厚度无要求时，涂层干漆膜总厚度：室外应为150μm，室内应为125μm，其允许偏差为−25μm。每遍涂层干漆膜厚度的允许偏差为−5μm。

检查数量：按构件数抽查10%，且同类构件不应少于3件。

检验方法：用干漆膜测厚仪检查。每个构件检测5处，每处的数值为3个相距50mm测点涂层干漆膜厚度的平均值。

注：本内容参照《钢结构工程施工质量验收规范》GB 50205—2001 第14.2.2条规定。

1.8.2.2 质量保证措施

涂层涂料宜选用有可靠工程实践应用经验的，经证明耐蚀性适用于腐蚀性物质成分的产品，并应采用环保型产品。当选用新产品时应进行技术和经济论证。防腐蚀涂装同一配套中的底漆、中间漆和面漆应有良好的相容性，且宜选用同一厂家的产品。建筑钢结构常用防腐蚀保护层配套可按《建筑钢结构防腐蚀技术规程》JGJ/T 251—2011 附录 B 选用，见表 1-30。

常用防腐蚀保护层配套 **表 1-30**

除锈等级	涂层构造									涂层总厚度（μm）	使用年限(a)		
	底层			中间层			面层				较强腐蚀、强腐蚀	中腐蚀	轻腐蚀、弱腐蚀
	涂料名称	遍数	厚度（μm）	涂料名称	遍数	厚度（μm）	涂料名称	遍数	厚度（μm）				
Sa2 或 St3	醇酸底涂料	2	60	—	—	—	醇酸面涂料	2	60	120	—	—	2~5
								3	100	160	—	2~5	5~10
	与面层同品种的底涂料	2	60	—	—	—	氯化橡胶、高氯化聚乙烯、氯磺化聚乙烯等面涂料	2	60	120	—	—	2~5
		2	60					3	100	160	—	2~5	5~10
		3	100					3	100	200	2~5	5~10	10~15
	环氧铁红底涂料	2	60	环氧云铁中间涂料	1	70		2	70	200	2~5	5~10	10~15
		2	60		1	80		3	100	240	5~10	10~11	>15
		2	60		1	70	环氧、聚氨酯、丙烯酸环氧、丙烯酸聚氨酯等面涂料	2	70	200	2~5	5~10	10~15
		2	60		1	80		3	100	240	5~10	10~11	>15
Sa2 $\frac{1}{2}$		2	60		2	120		3	100	280	10~15	>15	>15
		2	60		1	70	环氧、聚氨酯、丙烯酸环氧、丙烯酸聚氨酯等厚膜型面涂料	2	150	280	10~15	>15	>15
		2	60	—	—	—	环氧、聚氯酯等玻璃鳞片面涂料	3	260	320	>15	>15	>15
							乙烯基酯玻璃鳞片面涂料	2					
Sa2 或 St3	聚氯乙烯萤丹底涂料	3	100	—	—	—	聚氯乙烯萤丹面涂料	2	60	160	5~10	10~11	>15
Sa2 $\frac{1}{2}$		3	100					3	100	200	10~11	>15	>15
		2	80				聚氯乙烯含氟萤丹面涂料	2	60	140	5~10	5~10	>15
		3	110					2	60	170	10~11	>15	>15
		3	100					3	100	200	>15	>15	>15
	富锌底涂料	见表注	70	环氧云铁中间涂料	1	60	环氧、聚氨酯、丙烯酸环氧、丙烯酸聚氨酯等面涂料	2	70	200	5~10	5~10	>15
			70		1	70		3	100	240	10~11	>15	>15
			70		2	110		3	100	280	>15	>15	>15
			70		1	60	环氧、聚氨酯丙烯酸环氧、丙烯酸聚氨酯等厚膜型面涂料	2	150	280	>15	>15	>15

续表

除锈等级	涂层构造									涂层总厚度（μm）	使用年限(a)		
	底层			中间层			面层				较强腐蚀、强腐蚀	中腐蚀	轻腐蚀、弱腐蚀
	涂料名称	遍数	厚度（μm）	涂料名称	遍数	厚度（μm）	涂料名称	遍数	厚度（μm）				
Sa3(用于铝层)、$Sa2\frac{1}{2}$（用于锌层）	喷涂锌、铝及其合金的金属覆盖层120μm，其上再涂环氧密封底涂料20μm			环氧云铁中间涂料	1	40	环氧、聚氨酯、丙烯酸环氧、丙烯酸聚氨酯等面涂料	2	60	240	10～15	>15	>15
								3	100	280	>15	>15	>15
							环氧、聚氨酯、丙烯酸环氧、丙烯酸聚氨酯等厚膜型面涂料	1	100	280	>15	>15	>15

注：1. 涂层厚度系指干膜的厚度；

2. 富锌底涂料的遍数与品种有关，当采用正硅酸乙酯富锌底涂料、硅酸锂富锌底涂料、硅酸钾富锌底涂料时，宜为1遍；当采用环氧富锌底涂料、聚氨酯富锌底涂料、硅酸钠富锌底涂料和冷涂锌底涂料时，宜为2遍。

注：本内容参照《建筑钢结构防腐蚀技术规程》JGJ/T 251—2011第3.3.2条、附录B规定。

1.8.3 涂层厚度

1.8.3.1 质量目标

涂料、涂装遍数、涂层厚度均应符合设计要求。当设计对涂层厚度无要求时，涂层干漆膜总厚度：室外应为150μm，室内应为125μm，其允许偏差为−25μm。每遍涂层干漆膜厚度的允许偏差为−5μm。

检查数量：按构件数抽查10%，且同类构件不应少于3件。

检验方法：用干漆膜测厚仪检查。每个构件检测5处，每处的数值为3个相距50mm测点涂层干漆膜厚度的平均值。

注：本内容参照《钢结构工程施工质量验收规范》GB 50205—2001第14.2.2条规定。

1.8.3.2 质量保证措施

钢结构的防腐蚀保护层最小厚度应符合表1-31的规定。

钢结构防腐蚀保护层最小厚度　　表1-31

防腐蚀保护层设计使用年限(a)	钢结构防腐蚀保护层最小厚度(μm)				
	腐蚀性等级Ⅱ级	腐蚀性等级Ⅲ级	腐蚀性等级Ⅳ级	腐蚀性等级Ⅴ级	腐蚀性等级Ⅵ级
$2\leqslant t_1<5$	120	140	160	180	200
$5\leqslant t_1<10$	160	180	200	220	240
$10\leqslant t_1\leqslant 15$	200	220	240	260	280

注：1. 防腐蚀保护层厚度包括涂料层的厚度或金属层与涂料层复合的厚度；

2. 室外工程的涂层厚度宜增加20～40μm。

注：本内容参照《建筑钢结构防腐蚀技术规程》JGJ/T 251—2011第3.3.5条规定。

大气环境下金属热喷涂系统最小局部厚度可按表 1-32 选用。

大气环境下金属热喷涂系统最小局部厚度　　表 1-32

防腐蚀保护层设计使用年限(a)	金属热喷涂系统	最小局部厚度(μm)		
		腐蚀等级Ⅳ级	腐蚀等级Ⅴ级	腐蚀等级Ⅵ级
$5 \leqslant t_1 < 10$	喷锌＋封闭	120＋30	150＋30	200＋60
	喷铝＋封闭	120＋30	120＋30	150＋60
	喷锌＋封闭＋涂装	120＋30＋100	150＋30＋100	200＋30＋100
	喷铝＋封闭＋涂装	120＋30＋100	120＋30＋100	150＋30＋100
$10 \leqslant t_1 \leqslant 15$	喷铝＋封闭	120＋60	150＋60	250＋60
	喷 Ac 铝＋封闭	120＋60	150＋60	200＋60
	喷铝＋封闭＋涂装	120＋30＋100	150＋30＋100	250＋30＋100
	喷 Ac 铝＋封闭＋涂装	120＋30＋100	150＋30＋100	200＋30＋100

注：腐蚀严重和维护困难的部位应增加金属涂层的厚度。

注：本内容参照《建筑钢结构防腐蚀技术规程》JGJ/T 251—2011 第 3.4.3 条规定。

1.9 结构垂直度和平面弯曲偏差

《工程质量安全手册》第 3.4.9 条：

多层和高层钢结构主体结构整体垂直度和整体平面弯曲偏差符合设计和规范要求。

实施细则：

1.9.1 整体垂直度与整体平面弯曲偏差要求

1.9.1.1 质量目标

多层及高层钢结构主体结构的整体垂直度和整体平面弯曲的允许偏差应符合表 1-33 的规定。

检查数量：对主要立面全部检查。对每个所检查的立面，除两列角柱外，尚应至少选取一列中间柱。

整体垂直度和整体平面弯曲的允许偏差 (mm)　　表 1-33

项　目	允许偏差	图　例
主体结构的整体垂直度	$(H/2500+10.0)$，且不应大于 50.0	Δ H

续表

项　目	允许偏差	图　例
主体结构的整体平面弯曲	$L/1500$，且不应大于25.0	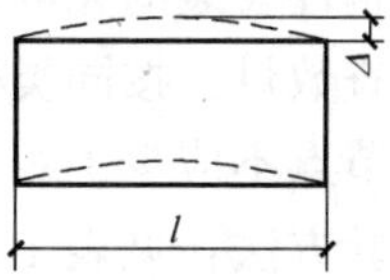

注：本内容参照《钢结构工程施工质量验收规范》GB 50205—2001 第 11.3.5 条规定。

检验方法：对于整体垂直度，可采用激光经纬仪、全站仪测量，也可根据各节柱的垂直度允许偏差累计（代数和）计算。对于整体平面弯曲，可按产生的允许偏差累计（代数和）计算。

1.9.1.2　质量保证措施

多层及高层钢结构安装前，应对建筑物的定位轴线、底层柱的轴线、柱底基础标高进行复核，合格后再开始安装。

注：本内容参照《钢结构工程施工规范》GB 50755—2012 第 14.5.1 条规定。

每节钢柱的控制轴线应从基准控制轴线的转点引测，不得从下层柱的轴线引出。

注：本内容参照《钢结构工程施工规范》GB 50755—2012 第 14.5.2 条规定。

安装钢梁前，应测量钢梁两端柱的垂直度变化，还应监测邻近各柱因梁连接而产生的垂直度变化；待一区域整体构件安装完成后，应进行结构整体复测。

钢柱与钢梁焊接时，由于焊接收缩对钢柱的垂直度影响较大。对有些钢柱一侧没有钢梁焊接连接，要求在焊接前对钢柱的垂直度进行预偏，通过焊接收缩对钢柱的垂直度进行调整，精度会更高，具体预偏的大小，根据结构形式、焊缝收缩量等因素综合确定。每节钢柱一般连接多层钢梁，因主梁刚度较大，钢梁焊接时会导致钢柱变动，并且还可能波及相邻的钢柱变动，因此待一个区域整体构件安装完成后进行整体复测，以保证结构的整体测量精度。

注：本内容参照《钢结构工程施工规范》GB 50755—2012 第 14.5.3 条规定。

钢结构安装时，应分析日照、焊接等因素可能引起构件的伸缩或弯曲变形，并应采取相应措施。安装过程中，宜对下列项目进行观测，并应作记录：

（1）柱、梁焊缝收缩引起柱身垂直度偏差值；

（2）钢柱受日照温差、风力影响的变形；

（3）塔吊附着或爬升对结构垂直度的影响。

高层钢结构对温度非常敏感，日照、环境温差、焊接等温度变化，以及大型塔吊作业运行，会使构件在安装过程中不断变动外形尺寸，施工中需要采取相应的措施进行调整。首先尽量选择一些环境因素影响不大的时段对钢柱进行测量，但在实际作业过程中不可能完全做到。实际施工时需要根据建筑物的特点，做好一些观测和记录，总结环境因素对结构的影响，测量时根据实际情况进行预偏，保证测量钢柱的垂直度。

注：本内容参照《钢结构工程施工规范》GB 50755—2012 第 14.5.4 条规定。

主体结构整体垂直度的允许偏差为 $H/2500+10\text{mm}$（H 为高度），但不应大于

50.0mm；整体平面弯曲允许偏差为 $L/1500$（L 为宽度），且不应大于 25.0mm。

注：本内容参照《钢结构工程施工规范》GB 50755—2012 第 14.5.5 条规定。

钢构件安装的允许偏差应符合表 1-34 的规定。

检查数量：按同类构件或节点数抽查 10%。其中柱和梁各不应少于 3 件，主梁与次梁连接节点不应少于 3 个，支承压型金属板的钢梁长度不应少于 5m。

检验方法：见表 1-34。

多层及高层钢结构中构件安装的允许偏差　　表 1-34

项　目	允许偏差	图　例	检验方法
上、下柱连接处的错口 Δ	3.0	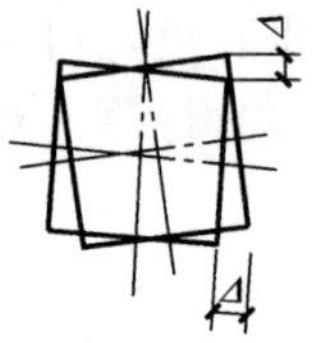	用钢尺检查
同一层柱的各柱顶高度差 Δ	5.0	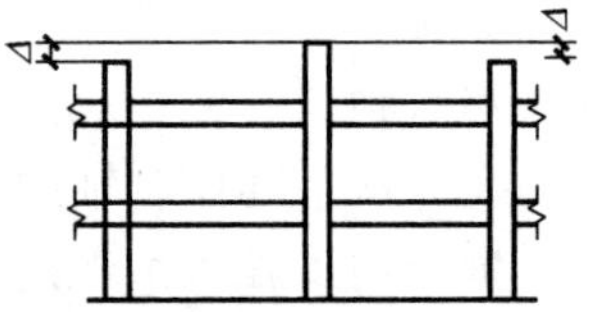	用水准仪检查
同一根梁两端顶面的高差 Δ	l/1000，且不应大于 10.0	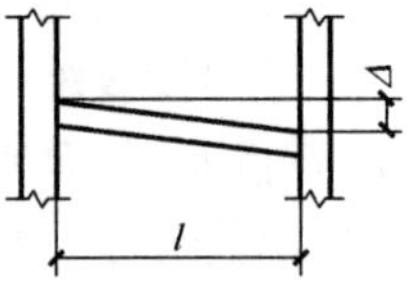	用水准仪检查
主梁与次梁表面的高差 Δ	±2.0	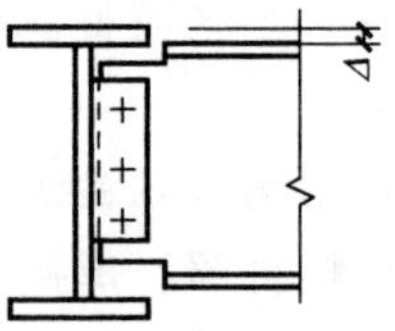	用直尺和钢尺检查
压型金属板在钢梁上相邻列的错位 Δ	15.00	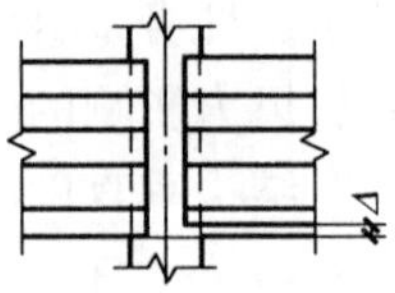	用直尺和钢尺检查

注：本内容参照《钢结构工程施工质量验收规范》GB 50205—2001 第 11.3.8 条、附录 E 中表 E.0.5 规定。

主体结构总高度的允许偏差应符合表 1-35 的规定。

检查数量：按标准柱列数抽查 10%，且不应少于 4 列。

检验方法：采用全站仪、水准仪和钢尺实测。

多层及高层钢结构主体结构总高度的允许偏差　　表 1-35

项　目	允许偏差	图　例
用相对标高控制安装	$\pm\Sigma(\Delta_h+\Delta_s+\Delta_w)$	
用设计标高控制安装	$H/1000$，且不应大于 30.0 $-H/1000$，且不应小于-30.0	

注：1. Δ_h 为每节柱子长度的制造允许偏差；
2. Δ_s 为每节柱子长度受荷载后的压缩值；
3. Δ_w 为每节柱子接头焊缝的收缩值。

注：本内容参照《钢结构工程施工质量验收规范》GB 50205—2001 第 11.3.9 条、附录 E 中表 E.0.5 规定。

1.10 钢网架结构挠度值

《工程质量安全手册》第 3.4.10 条：

钢网架结构总拼完成后及屋面工程完成后，所测挠度值符合设计和规范要求。

实施细则：

1.10.1 挠度值要求

1.10.1.1 质量目标

钢网架结构总拼完成后及屋面工程完成后应分别测量其挠度值，且所测的挠度值不应超过相应设计值的 1.15 倍。

检查数量：跨度 24m 及以下钢网架结构测量下弦中央一点；跨度 24m 以上钢网架结构测量下弦中央一点及各向下弦跨度的四等分点。

检验方法：用钢尺和水准仪实测。

网架结构理论计算挠度与网架结构安装后的实际挠度有一定的出入，这除了网架结构的计算模型与其实际的情况存在差异之外，还与网架结构的连接节点实际零件的加工精度、安装精度等有着极为密切的联系。对实际工程进行的试验表明，网架安装完毕后实测的数据都比理论计算值大，约 5%～11%。所以，本条允许比设计值大 15%是适宜的。

注：本内容参照《钢结构工程施工质量验收规范》GB 50205—2001 第 12.3.4 条规定。

1.10.1.2 质量保证措施

(1) 钢网架结构安装完成后，其节点及杆件表面应干净，不应有明显的疤痕、泥沙和污垢。螺栓球节点应将所有接缝用油腻子填嵌严密，并应将多余螺孔封口。

检查数量：按节点及杆件数抽查 5%，且不应少于 10 个节点。

检验方法：观察检查。

（2）钢网架结构安装完成后，其安装的允许偏差应符合表 12.3.6 的规定。

检查数量：除杆件弯曲矢高按杆件数抽查 5%外，其余全数检查。

检验方法：见表 1-36。

钢网架结构安装的允许偏差（mm） **表 1-36**

项 目	允许偏差	检验方法
纵向、横向长度	L/2000，且不应大于 30.0 $-L$/2000，且不应小于−30.0	用钢尺实测
支座中心偏移	L/3000，且不应大于 30.0	用钢尺和经纬仪实测
周边支承网架相邻支座高差	L/400，且不应大于 15.0	用钢尺和水准仪实测
支座最大高差	30.0	
多点支承网架相邻支座高差	L_1/800，且不应大于 30.0	

注：1. L 为纵向、横向长度；

2. L_1 为相邻支座间距。

（3）空间网格结构在恒荷载与活荷载标准值作用下的最大挠度值不宜超过表 1-37 中的容许挠度值。

空间网格结构的容许挠度值 **表 1-37**

结构体系	屋盖结构（短向跨度）	楼盖结构（短向跨度）	悬挑结构（悬挑跨度）
网架	1/250	1/300	1/125
单层网壳	1/400	—	1/200
双层网壳 立体桁架	1/250	—	1/125

注：对于设有悬挂起重设备的屋盖结构，其最大挠度值不宜大于结构跨度的 1/400。

注：本内容参照《空间网格结构技术规程》JGJ 7—2010 第 3.5.1 条规定。

（4）网架与立体桁架可预先起拱，其起拱值可取不大于短向跨度的 1/300。当仅为改善外观要求时，最大挠度可取恒荷载与活荷载标准值作用下挠度减去起拱值。

注：本内容参照《空间网格结构技术规程》JGJ 7—2010 第 3.5.2 条规定。

Chapter 02

装配式混凝土工程质量控制

2.1 预制构件的质量、标识

《工程质量安全手册》第 3.5.1 条：

预制构件的质量、标识符合设计和规范要求。

实施细则：

2.1.1 预制构件质量要求

2.1.1.1 质量目标

预制构件的质量应符合《混凝土结构工程施工质量验收规范》GB 50204—2015、国家现行相关标准的规定和设计的要求。

应全数检查，可检查质量证明文件或质量验收记录。

注：本内容参照《混凝土结构工程施工质量验收规范》GB 50204—2015 第 9.2.1 条规定。

2.1.1.2 质量保证措施

（1）预制构件的质量应进行下列检查：

1）预制构件的混凝土强度；

2）预制构件的标识；

3）预制构件的外观质量、尺寸偏差；

4）预制构件上的预埋件、插筋、预留孔洞的规格、位置及数量；

5）结构性能检验应符合现行国家标准《混凝土结构工程施工质量验收规范》GB 50204 的有关规定。

注：本内容参照《混凝土结构工程施工规范》GB 50666—2011 第 9.6.3 条规定。

（2）专业企业生产的预制构件进场时，预制构件结构性能检验应符合下列规定：

1）梁板类简支受弯预制构件进场时应进行结构性能检验，并应符合下列规定：

① 结构性能检验应符合国家现行相关标准的有关规定及设计的要求，检验要求和试验方法应符合下列规定。

a. 预制构件的承载力检验应符合下列规定：

a）当按现行国家标准《混凝土结构设计规范》GB 50010 的规定进行检验时，应满足下式的要求：

$$\gamma_u^0 \geqslant \gamma_0[\gamma_u] \tag{2-1}$$

式中 γ_u^0——构件的承载力检验系数实测值，即试件的荷载实测值与荷载设计值（均包括自重）的比值；

γ_0——结构重要性系数，按设计要求的结构等级确定，当无专门要求时取 1.0；

$[\gamma_u]$——构件的承载力检验系数允许值，按表 2-1 取用。

b）当按构件实配钢筋进行承载力检验时，应满足下式的要求：

$$\gamma_u^0 \geqslant \gamma_0 \eta [\gamma_u] \tag{2-2}$$

式中 η——构件承载力检验修正系数，根据现行国家标准《混凝土结构设计规范》GB 50010 按实配钢筋的承载力计算确定。

构件的承载力检验系数允许值 **表 2-1**

<table>
<tr><th>受力情况</th><th colspan="2">达到承载能力极限状态的检验标志</th><th>$[\gamma_0]$</th></tr>
<tr><td rowspan="5">受弯</td><td rowspan="2">受拉主筋处的最大裂缝宽度达到 1.5mm；或挠度达到跨度的 1/50</td><td>有屈服点热轧钢筋</td><td>1.20</td></tr>
<tr><td>无屈服点钢筋（钢丝、钢绞线、冷加工钢筋、无屈服点热轧钢筋）</td><td>1.35</td></tr>
<tr><td rowspan="2">受压区混凝土破坏</td><td>有屈服点热轧钢筋</td><td>1.30</td></tr>
<tr><td>无屈服点钢筋（钢丝、钢绞线、冷加工钢筋、无屈服点热轧钢筋）</td><td>1.50</td></tr>
<tr><td colspan="2">受拉主筋拉断</td><td>1.50</td></tr>
<tr><td rowspan="3">受弯构件的受剪</td><td colspan="2">腹部斜裂缝达到 1.5mm，或斜裂缝末端受压混凝土剪压破坏</td><td>1.40</td></tr>
<tr><td colspan="2">沿斜截面混凝土斜压、斜拉破坏；受拉主筋在端部滑脱或其他锚固破坏</td><td>1.55</td></tr>
<tr><td colspan="2">叠合构件叠合面、接槎处</td><td>1.45</td></tr>
</table>

b. 预制构件的挠度检验应符合下列规定：

a）当按现行国家标准《混凝土结构设计规范》GB 50010 规定的挠度允许值进行检验时，应满足下式的要求：

$$a_s^0 \leqslant [a_s] \tag{2-3}$$

式中 a_s^0——在检验用荷载标准组合值或荷载准永久组合值作用下的构件挠度实测值；

$[a_s]$——挠度检验允许值，按下述 c. 的有关规定计算。

b）当按构件实配钢筋进行挠度检验或仅检验构件的挠度、抗裂或裂缝宽度时，应满足下式的要求：

$$a_s^0 \leqslant 1.2a_s^c \tag{2-4}$$

a_s^0 应同时满足式（2-3）的要求。

式中 a_s^c——在检验用荷载标准组合值或荷载准永久组合值作用下，按实配钢筋确定的构件短期挠度计算值，按现行国家标准《混凝土结构设计规范》GB 50010 确定。

c. 挠度检验允许值 $[a_s]$ 应按下列公式进行计算：

按荷载准永久组合值计算钢筋混凝土受弯构件：

$$[a_s]=\frac{M_k}{M_q(\theta-1)+M_k}[a_f] \tag{2-5}$$

式中 M_k——按荷载标准组合值计算的弯矩值；

M_q——按荷载准永久组合值计算的弯矩值；

θ——考虑荷载长期效应组合对挠度增大的影响系数，按现行国家标准《混凝土结构设计规范》GB 50010 确定；

$[a_f]$——受弯构件的挠度限值，按现行国家标准《混凝土结构设计规范》GB 50010 确定。

d. 预制构件的抗裂检验应满足式（2-6）的要求：

$$\gamma_{cr}^0 \geqslant [\gamma_{cr}] \tag{2-6}$$

$$[\gamma_{cr}]=0.95\frac{\sigma_{pc}+\gamma f_{tk}}{\sigma_{ck}} \tag{2-7}$$

式中 γ_{cr}^0——构件的抗裂检验系数实测值，即试件的开裂荷载实测值与检验用荷载标准组合值（均包括自重）的比值；

$[\gamma_{cr}]$——构件的抗裂检验系数允许值；

σ_{pc}——由预加力产生的构件抗拉边缘混凝土法向应力值，按现行国家标准《混凝土结构设计规范》GB 50010 确定；

γ——混凝土构件截面抵抗矩塑性影响系数，按现行国家标准《混凝土结构设计规范》GB 50010 确定；

f_{tk}——混凝土抗拉强度标准值；

σ_{ck}——按荷载标准组合值计算的构件抗拉边缘混凝土法向应力值，按现行国家标准《混凝土结构设计规范》GB 50010 确定。

e. 预制构件的裂缝宽度检验应满足下式的要求：

$$w_{s,max}^0 \leqslant [w_{max}] \tag{2-8}$$

式中 $w_{s,max}^0$——在检验用荷载标准组合值或荷载准永久组合值作用下，受拉主筋处的最大裂缝宽度实测值；

$[w_{max}]$——构件检验的最大裂缝宽度允许值，按表 2-2 取用。

构件的最大裂缝宽度允许值（mm） **表 2-2**

设计要求的最大裂缝宽度限值	0.1	0.2	0.3	0.4
$[w_{max}]$	0.07	0.15	0.20	0.25

f. 预制构件结构性能检验的合格判定应符合下列规定：

a）当预制构件结构性能的全部检验结果均满足前述 a～e 条的检验要求时，该批构件可判为合格；

b）当预制构件的检验结果不满足 a）的要求，但又能满足第二次检验指标要求时，可再抽两个预制构件进行二次检验。第二次检验指标，对承载力及抗裂检验系数的允许值应取 a 和 d 规定的允许值减 0.05；对挠度的允许值应取 c 规定允许值的 1.10 倍；

c）当进行二次检验时，如第一个检验的预制构件的全部检验结果均满足 a～e 的要求，该批构件可判为合格；如两个预制构件的全部检验结果均满足第二次检验指标的要求，该批构件也可判为合格。

② 钢筋混凝土构件和允许出现裂缝的预应力混凝土构件应进行承载力、挠度和裂缝宽度检验；不允许出现裂缝的预应力混凝土构件应进行承载力、挠度和抗裂检验。

③ 对大型构件及有可靠应用经验的构件，可只进行裂缝宽度、抗裂和挠度检验。

④ 对使用数量较少的构件，当能提供可靠依据时，可不进行结构性能检验。

2）对于不可单独使用的叠合板预制底板，可不进行结构性能检验。对叠合梁构件，是否进行结构性能检验、结构性能检验的方式应根据设计要求确定。

3）对本条第1)、2）款之外的其他预制构件，除设计有专门要求外，进场时可不做结构性能检验。

4）本条第1)、2)、3）款规定中不做结构性能检验的预制构件，应采取下列措施：

① 施工单位或监理单位代表应驻厂监督生产过程。

② 当无驻厂监督时，预制构件进场时应对其主要受力钢筋数量、规格、间距、保护层厚度及混凝土强度等进行实体检验。

检验数量：同一类型预制构件不超过1000个为一批，每批随机抽取1个构件进行结构性能检验。

检验方法：检查结构性能检验报告或实体检验报告。

注："同类型"是指同一钢种、同一混凝土强度等级、同一生产工艺和同一结构形式。抽取预制构件时，宜从设计荷载最大、受力最不利或生产数量最多的预制构件中抽取。

注：本内容参照《装配式混凝土建筑技术标准》GB/T 51231—2016 第 11.2.2 条规定。

（3）专业企业生产的预制构件，进场时应检查质量证明文件。

应全数检查，并应检查质量证明文件或质量验收记录。

注：本内容参照《装配式混凝土建筑技术标准》GB/T 51231—2016 第 11.2.1 条规定。

（4）预制构件交付的产品质量证明文件应包括以下内容：

1）出厂合格证；

2）混凝土强度检验报告；

3）钢筋套筒等其他构件钢筋连接类型的工艺检验报告；

4）合同要求的其他质量证明文件。

注：本内容参照《装配式混凝土建筑技术标准》GB/T 51231—2016 第 9.9.2 条规定。

（5）生产单位应具备保证产品质量要求的生产工艺设施、试验检测条件，建立完善的质量管理体系和制度，并宜建立质量可追溯的信息化管理系统。

注：本内容参照《装配式混凝土建筑技术标准》GB/T 51231—2016 第 9.1.1 条规定。

（6）生产单位的检测、试验、张拉、计量等设备及仪器仪表均应检定合格，并应在有效期内使用。不具备试验能力的检验项目，应委托第三方检测机构进行试验。

注：本内容参照《装配式混凝土建筑技术标准》GB/T 51231—2016 第 9.1.4 条

规定。

(7) 预制构件生产宜建立首件验收制度。

注：本内容参照《装配式混凝土建筑技术标准》GB/T 51231—2016 第 9.1.5 条规定。

(8) 预制构件的原材料质量、钢筋加工和连接的力学性能、混凝土强度、构件结构性能、装饰材料、保温材料及拉结件的质量等均应根据国家现行有关标准进行检查和检验，并应具有生产操作规程和质量检验记录。

注：本内容参照《装配式混凝土建筑技术标准》GB/T 51231—2016 第 9.1.6 条规定。

(9) 预制构件生产的质量检验应按模具、钢筋、混凝土、预应力、预制构件等检验进行。预制构件的质量评定应根据钢筋、混凝土、预应力、预制构件的试验、检验资料等项目进行。当上述各检验项目的质量均合格时，方可评定为合格产品。

注：本内容参照《装配式混凝土建筑技术标准》GB/T 51231—2016 第 9.1.7 条规定。

2.1.2 预制构件标识要求

2.1.2.1 质量目标

预制构件和部品经检查合格后，宜设置表面标识。预制构件和部品出厂时，应出具质量证明文件。

注：本内容参照《装配式混凝土建筑技术标准》GB/T 51231—2016 第 9.1.9 条规定。

2.1.2.2 质量保证措施

预制构件检查合格后，应在构件上设置表面标识，标识内容宜包括构件编号、制作日期、合格状态、生产单位等信息。

注：本内容参照《装配式混凝土结构技术规程》JGJ 1—2014 第 11.4.6 条规定。

2.2 预制构件外观、尺寸等

《工程质量安全手册》第 3.5.2 条：

预制构件的外观质量、尺寸偏差和预留孔、预留洞、预埋件、预留插筋、键槽的位置符合设计和规范要求。

实施细则：

2.2.1 外观质量

2.2.1.1 质量目标

预制构件的混凝土外观质量不应有严重缺陷，且不应有影响结构性能和安装、使用功能的尺寸偏差。

检查数量：应全数检查。

检验方法：可观察、尺量或检查处理记录。

对于出现的外观质量严重缺陷、影响结构性能和安装、使用功能的尺寸偏差，以及拉结件类别、数量和位置有不符合设计要求的情形应作退场处理。如经设计同意可以进行修理使用，则应制定处理方案并获得监理确认后，预制构件生产单位应按技术处理方案处理，修理后应重新验收。

注：本内容参照《装配式混凝土建筑技术标准》GB/T 51231—2016 第 11.2.3 条规定。

预制构件外观质量不应有一般缺陷，对出现的一般缺陷应要求构件生产单位按技术处理方案进行处理，并重新检查验收。

检查数量：应全数检查。

检验方法：可观察或检查技术处理方案和处理记录。

注：本内容参照《装配式混凝土建筑技术标准》GB/T 51231—2016 第 11.2.5 条规定。

预制构件表面预贴饰面砖、石材等饰面及装饰混凝土饰面的外观质量应符合设计要求或国家现行有关标准的规定。

检查数量：应按批检查。

检验方法：观察或轻击检查；与样板比对。

预制构件的装饰外观质量应在进场时按设计要求对预制构件产品全数检查，合格后方可使用。如果出现偏差情况，应和设计协商相应处理方案，如设计不同意处理应作退场报废处理。

注：本内容参照《装配式混凝土建筑技术标准》GB/T 51231—2016 第 11.2.7 条规定。

2.2.1.2 质量保证措施

预制构件生产时应采取措施避免出现外观质量缺陷。外观质量缺陷根据其影响结构性能、安装和使用功能的严重程度，可按表 2-3 规定划分为严重缺陷和一般缺陷。

构件外观质量缺陷分类 **表 2-3**

名称	现　象	严重缺陷	一般缺陷
露筋	构件内钢筋未被混凝土包裹而外露	纵向受力钢筋有露筋	其他钢筋有少量露筋
蜂窝	混凝土表面缺少水泥砂浆而形成石子外露	构件主要受力部位有蜂窝	其他部位有少量蜂窝
孔洞	混凝土中孔穴深度和长度均超过保护层厚度	构件主要受力部位有孔洞	其他部位有少量孔洞
夹渣	混凝土中夹有杂物且深度超过保护层厚度	构件主要受力部位有夹渣	其他部位有少量夹渣
疏松	混凝土中局部不密实	构件主要受力部位有疏松	其他部位有少量疏松

续表

名称	现　象	严重缺陷	一般缺陷
裂缝	缝隙从混凝土表面延伸至混凝土内部	构件主要受力部位有影响结构性能或使用功能的裂缝	其他部位有少量不影响结构性能或使用功能的裂缝
连接部位缺陷	构件连接处混凝土缺陷及连接钢筋、连结件松动，插筋严重锈蚀、弯曲，灌浆套筒堵塞、偏位、灌浆孔洞堵塞、偏位、破损等缺陷	连接部位有影响结构传力性能的缺陷	连接部位有基本不影响结构传力性能的缺陷
外形缺陷	缺棱掉角、棱角不直、翘曲不平、飞出凸肋等。装饰面砖粘结不牢、表面不平、砖缝不顺直等	清水或具有装饰的混凝土构件内有影响使用功能或装饰效果的外形缺陷	其他混凝土构件有不影响使用功能的外形缺陷
外表缺陷	构件表面麻面、掉皮、起砂、沾污等	具有重要装饰效果的清水混凝土构件有外表缺陷	其他混凝土构件有不影响使用功能的外表缺陷

注：本内容参照《装配式混凝土建筑技术标准》GB/T 51231—2016 第 9.7.1 条规定。

预制构件出模后应及时对其外观质量进行全数目测检查。预制构件外观质量不应有缺陷，对已经出现的严重缺陷应制定技术处理方案进行处理并重新检验，对出现的一般缺陷应进行修整并达到合格。

注：本内容参照《装配式混凝土建筑技术标准》GB/T 51231—2016 第 9.7.2 条规定。

2.2.2 尺寸偏差

2.2.2.1 质量目标

预制构件不应有影响结构性能、安装和使用功能的尺寸偏差。对超过尺寸允许偏差且影响结构性能和安装、使用功能的部位应经原设计单位认可，制定技术处理方案进行处理，并重新检查验收。

注：本内容参照《装配式混凝土建筑技术标准》GB/T 51231—2016 第 9.7.3 条规定。

2.2.2.2 质量保证措施

预制构件的允许尺寸偏差及检验方法应符合表 2-4 的规定。预制构件有粗糙面时，与粗糙面相关的尺寸允许偏差可适当放松。

预制构件尺寸允许偏差及检验方法　　表 2-4

项　目			允许偏差(mm)	检验方法
长度	板、梁、柱、桁架	<12m	±5	尺量检查
		≥12m 且<18m	±10	
		≥18m	±20	
	墙板		±4	
宽度、高(厚)度	板、梁、柱、桁架截面尺寸		±5	钢尺量一端及中部，取其中偏差绝对值较大处
	墙板的高度、厚度		±3	

续表

项目		允许偏差(mm)	检验方法
表面平整度	板、梁、柱、墙板内表面	5	2m靠尺和塞尺检查
	墙板外表面	3	
侧向弯曲	板、梁、柱	l/750且≤20	拉线、钢尺量最大侧向弯曲处
	墙板、桁架	l/1000且≤20	
翘曲	板	l/750	调平尺在两端量测
	墙板	l/1000	
对角线差	板	10	钢尺量两个对角线
	墙板、门窗口	5	
挠度变形	梁、板、桁架设计起拱	±10	拉线、钢尺量最大弯曲处
	梁、板、桁架下垂	0	
预留孔	中心线位置	5	尺量检查
	孔尺寸	±5	
预留洞	中心线位置	10	尺量检查
	洞口尺寸、深度	±10	
门窗口	中心线位置	5	尺量检查
	宽度、高度	±3	
预埋件	预埋件锚板中心线位置	5	尺量检查
	预埋件锚板与混凝土面平面高差	0,−5	
	预埋螺栓中心线位置	2	
	预埋螺栓外露长度	+10,−5	
	预埋套筒、螺母中心线位置	2	
	预埋套筒、螺母与混凝土面平面高差	0,−5	
	线管、电盒、木砖、吊环在构件平面的中心线位置偏差	20	
	线管、电盒、木砖、吊环与构件表面混凝土高差	0,−10	
预留插筋	中心线位置	3	尺量检查
	外露长度	+5,−5	
键槽	中心线位置	5	尺量检查
	长度、宽度、深度	±5	

注：1. l为构件最长边的长度（mm）；

2. 检查中心线、螺栓和孔道位置偏差时，应沿纵横两个方向量测，并取其中偏差较大值。

注：本内容参照《装配式混凝土结构技术规程》JGJ 1—2014第11.4.2条规定。

预制板类、墙板类、梁柱类构件外形尺寸偏差和检验方法应分别符合表2-5～表2-7的规定。

预制楼板类构件外形尺寸允许偏差及检验方法 **表 2-5**

项次	检查项目			允许偏差(mm)	检验方法
1	规格尺寸	长度	<12m	±5	用尺量两端及中间部，取其中偏差绝对值较大值
			≥12m 且<18m	±10	
			≥18m	±20	
2		宽度		±5	用尺量两端及中间部，取其中偏差绝对值较大值
3		厚度		±5	用尺量板四角和四边中部位置共8处，取其中偏差绝对值较大值
4	对角线差			6	在构件表面，用尺量测两对角线的长度，取其绝对值的差值
5	外形	表面平整度	内表面	4	用2m靠尺安放在构件表面上，用楔形塞尺量测靠尺与表面之间的最大缝隙
			外表面	3	
6		楼板侧向弯曲		$L/750$ 且≤20mm	拉线，钢尺量最大弯曲处
7		扭翘		$L/750$	四对角拉两条线，量测两线交点之间的距离，其值的2倍为扭翘值
8	预埋部件	预埋钢板	中心线位置偏差	5	用尺量测纵横两个方向的中心线位置，取其中较大值
			平面高差	0，−5	用尺紧靠在预埋件上，用楔形塞尺量测预埋件平面与混凝土面的最大缝隙
9		预埋螺栓	中心线位置偏移	2	用尺量测纵横两个方向的中心线位置，取其中较大值
			外露长度	+10，−5	用尺量
10		预埋线盒、电盒	在构件平面的水平方向中心位置偏差	10	用尺量
			与构件表面混凝土高差	0，−5	用尺量
11	预留孔	中心线位置偏移		5	用尺量测纵横两个方向的中心线位置，取其中较大值
		孔尺寸		±5	用尺量测纵横两个方向尺寸，取其最大值
12	预留洞	中心线位置偏移		5	用尺量测纵横两个方向的中心线位置，取其中较大值
		洞口尺寸、深度		±5	用尺量测纵横两个方向尺寸，取其最大值
13	预留插筋	中心线位置偏移		3	用尺量测纵横两个方向的中心线位置，取其中较大值
		外露长度		±5	用尺量

续表

项次	检查项目		允许偏差(mm)	检验方法
14	吊环、木砖	中心线位置偏移	10	用尺量测纵横两个方向的中心线位置,取其中较大值
		留出高度	0,−10	用尺量
15	桁架钢筋高度		+5,0	用尺量

预制墙板类构件外形尺寸允许偏差及检验方法　　表 2-6

项次	检查项目			允许偏差(mm)	检验方法
1	规格尺寸	高度		±4	用尺量两端及中间部,取其中偏差绝对值较大值
2		宽度		±4	用尺量两端及中间部,取其中偏差绝对值较大值
3		厚度		±3	用尺量板四角和四边中部位置共8处,取其中偏差绝对值较大值
4	对角线差			5	在构件表面、用尺量测两对角线的长度,取其绝对值的差值
5	外形	表面平整度	内表面	4	用2m靠尺安放在构件表面上,用楔形塞尺量测靠尺与表面之间的最大缝隙
			外表面	3	
6		侧向弯曲		$L/1000$ 且≤20mm	拉线,钢尺量最大弯曲处
7		扭翘		$L/1000$	四对角拉两条线,量测两线交点之间的距离,其值的2倍为扭翘值
8	预埋部件	预埋钢板	中心线位置偏移	5	用尺量测纵横两个方向的中心线位置,取其中较大值
			平面高差	0,−5	用尺紧靠在预埋件上,用楔形塞尺量测预埋件平面与混凝土面的最大缝隙
9		预埋螺栓	中心线位置偏移	2	用尺量测纵横两个方向的中心线位置,取其中较大值
			外露长度	+10,−5	用尺量
10		预埋套筒、螺母	中心线位置偏移	2	用尺量测纵横两个方向的中心线位置,取其中较大值
			平面高差	0,−5	用尺紧靠在预埋件上,用楔形塞尺量测预埋件平面与混凝土面的最大缝隙
11	预留孔	中心线位置偏移		5	用尺量测纵横两个方向的中心线位置,取其中较大值
		孔尺寸		±5	用尺量测纵横两个方向尺寸,取其最大值
12	预留洞	中心线位置偏移		5	用尺量测纵横两个方向的中心线位置,取其中较大值
		洞口尺寸、深度		±5	用尺量测纵横两个方向尺寸,取其最大值

续表

项次	检查项目		允许偏差(mm)	检验方法
13	预留插筋	中心线位置偏移	3	用尺量测纵横两个方向的中心线位置,取其中较大值
		外露长度	±5	用尺量
14	吊环、木砖	中心线位置偏移	10	用尺量测纵横两个方向的中心线位置,取其中较大值
		与构件表面混凝土高差	0,−10	用尺量
15	键槽	中心线位置偏移	5	用尺量测纵横两个方向的中心线位置,取其中较大值
		长度、宽度	±5	用尺量
		深度	±5	用尺量
16	灌浆套筒及连接钢筋	灌浆套筒中心线位置	2	用尺量测纵横两个方向的中心线位置,取其中较大值
		连接钢筋中心线位置	2	用尺量测纵横两个方向的中心线位置,取其中较大值
		连接钢筋外露长度	+10,0	用尺量

预制梁柱桁架类构件外形尺寸允许偏差及检验方法　　表 2-7

项次	检查项目			允许偏差(mm)	检验方法
1	规格尺寸	长度	<12m	±5	用尺量两端及中间部,取其中偏差绝对值较大值
			≥12m 且<18m	±10	
			≥18m	±20	
2		宽度		±5	用尺量两端及中间部,取其中偏差绝对值较大值
3		高度		±5	用尺量板四角和四边中部位置共8处,取其中偏差绝对值较大值
4	表面平整度			4	用2m靠尺安放在构件表面上,用楔形塞尺量测靠尺与表面之间的最大缝隙
5	侧向弯曲		梁柱	$L/750$ 且≤20mm	拉线,钢尺量最大弯曲处
			桁架	$L/1000$ 且≤20mm	
6	预埋部件	预埋钢板	中心线位置偏移	5	用尺量测纵横两个方向的中心线位置,取其中较大值
			平面高差	0,−5	用尺紧靠在预埋件上,用楔形塞尺量测预埋件平面与混凝土面的最大缝隙
7		预埋螺栓	中心线位置偏移	2	用尺量测纵横两个方向的中心线位置,取其中较大值
			外露长度	+10,−5	用尺量
8	预留孔	中心线位置偏移		5	用尺量测纵横两个方向的中心线位置,取其中较大值
		孔尺寸		±5	用尺量测纵横两个方向尺寸,取其最大值

续表

项次	检查项目		允许偏差(mm)	检验方法
9	预留洞	中心线位置偏移	5	用尺量测纵横两个方向的中心线位置,取其中较大值
		洞口尺寸、深度	±5	用尺量测纵横两个方向尺寸,取其最大值
10	预留插筋	中心线位置偏移	3	用尺量测纵横两个方向的中心线位置,取其中较大值
		外露长度	±5	用尺量
11	吊环	中心线位置偏移	10	用尺量测纵横两个方向的中心线位置,取其中较大值
		留出高度	0,−10	用尺量
12	键槽	中心线位置偏移	5	用尺量测纵横两个方向的中心线位置,取其中较大值
		长度、宽度	±5	用尺量
		深度	±5	用尺量
13	灌浆套筒及连接钢筋	灌浆套筒中心线位置	2	用尺量测纵横两个方向的中心线位置,取其中较大值
		连接钢筋中心线位置	2	用尺量测纵横两个方向的中心线位置,取其中较大值
		连接钢筋外露长度	+10,0	用尺量测

检查数量:按照进场检验批,同一规格(品种)的构件每次抽检数量不应少于该规格(品种)数量的5%且不少于3件。

注:本内容参照《装配式混凝土建筑技术标准》GB/T 51231—2016 第 11.2.9 条规定。

装饰构件的装饰外观尺寸偏差和检验方法应符合设计要求;当设计无具体要求时,应符合表2-8的规定。

装饰构件外观尺寸允许偏差及检验方法　　表2-8

项次	装饰种类	检查项目	允许偏差(mm)	检验方法
1	通用	表面平整度	2	2m靠尺或塞尺检查
2	面砖、石材	阳角方正	2	用托线板检查
3		上口平直	2	拉通线用钢尺检查
4		接缝平直	3	用钢尺或塞尺检查
5		接缝深度	±5	用钢尺或塞尺检查
6		接缝宽度	±2	用钢尺检查

检查数量:按照进场检验批,同一规格(品种)的构件每次抽检数量不应少于该规格(品种)数量的10%且不少于5件。

注:本内容参照《装配式混凝土建筑技术标准》GB/T 51231—2016 第 11.2.10 条规定。

2.2.3 预留孔、预留洞、预埋件、预留插筋、键槽的位置

2.2.3.1 质量目标

预制构件上的预埋件、预留插筋、预留孔洞、预埋管线等规格型号、数量应符合设计要求。

检查数量：按批检查。

检验方法：观察、尺量；检查产品合格证。

预制构件的预留、预埋件等应在进场时按设计要求对每件预制构件产品全数检查，合格后方可使用，避免在构件安装时发现问题造成不必要的损失。

对于预埋件和预留孔洞等项目验收出现问题时，应和设计协商相应处理方案，如设计不同意处理应作退场报废处理。

注：本内容参照《装配式混凝土建筑技术标准》GB/T 51231—2016 第 11.2.8 条规定。

2.2.3.2 质量保证措施

预制构件尺寸偏差及预留孔、预留洞、预埋件、预留插筋、键槽的位置和检验方法应符合表 2-9～表 2-12 的规定。预制构件有粗糙面时，与预制构件粗糙面相关的尺寸允许偏差可放宽 1.5 倍。

预制楼板类构件外形尺寸允许偏差及检验方法　　表 2-9

项次	检查项目			允许偏差(mm)	检验方法
1	规格尺寸	长度	＜12m	±5	用尺量两端及中间部，取其中偏差绝对值较大值
			≥12m 且＜18m	±10	
			≥18m	±20	
2		宽度		±5	用尺量两端及中间部，取其中偏差绝对值较大值
3		厚度		±5	用尺量板四角和四边中部位置共 8 处，取其中偏差绝对值较大值
4	对角线差			6	在构件表面，用尺量测两对角线的长度，取其绝对值的差值
5	外形	表面平整度	内表面	4	用 2m 靠尺安放在构件表面上，用楔形塞尺量测靠尺与表面之间的最大缝隙
			外表面	3	
6		楼板侧向弯曲		$L/750$ 且≤20mm	拉线，钢尺量最大弯曲处
7		扭翘		$L/750$	四对角拉两条线，量测两线交点之间的距离，其值的 2 倍为扭翘值
8	预埋部件	预埋钢板	中心线位置偏差	5	用尺量测纵横两个方向的中心线位置，取其中较大值
			平面高差	0，−5	用尺紧靠在预埋件上，用楔形塞尺量测预埋件平面与混凝土面的最大缝隙

续表

项次	检查项目			允许偏差(mm)	检验方法
9	预埋部件	预埋螺栓	中心线位置偏移	2	用尺量测纵横两个方向的中心线位置,取其中较大值
			外露长度	+10,−5	用尺量
10		预埋线盒、电盒	在构件平面的水平方向中心位置偏差	10	用尺量
			与构件表面混凝土高差	0,−5	用尺量
11	预留孔	中心线位置偏移		5	用尺量测纵横两个方向的中心线位置,取其中较大值
		孔尺寸		±5	用尺量测纵横两个方向尺寸,取其最大值
12	预留洞	中心线位置偏移		5	用尺量测纵横两个方向的中心线位置,取其中较大值
		洞口尺寸、深度		±5	用尺量测纵横两个方向尺寸,取其最大值
13	预留插筋	中心线位置偏移		3	用尺量测纵横两个方向的中心线位置,取其中较大值
		外露长度		±5	用尺量
14	吊环、木砖	中心线位置偏移		10	用尺量测纵横两个方向的中心线位置,取其中较大值
		留出高度		0,−10	用尺量
15	桁架钢筋高度			+5,0	用尺量

预制墙板类构件外形尺寸允许偏差及检验方法　　表 2-10

项次	检查项目			允许偏差(mm)	检验方法
1	规格尺寸	高度		±4	用尺量两端及中间部,取其中偏差绝对值较大值
2		宽度		±4	用尺量两端及中间部,取其中偏差绝对值较大值
3		厚度		±3	用尺量板四角和四边中部位置共8处,取其中偏差绝对值较大值
4	对角线差			5	在构件表面,用尺量测两对角线的长度,取其绝对值的差值
5	外形	表面平整度	内表面	4	用2m靠尺安放在构件表面上,用楔形塞尺量测靠尺与表面之间的最大缝隙
			外表面	3	
6		侧向弯曲		$L/1000$ 且≤20mm	拉线,钢尺量最大弯曲处
7		扭翘		$L/1000$	四对角拉两条线,量测两线交点之间的距离,其值的2倍为扭翘值

续表

<table>
<tr><th>项次</th><th colspan="3">检查项目</th><th>允许偏差(mm)</th><th>检验方法</th></tr>
<tr><td rowspan="2">8</td><td rowspan="7">预埋部件</td><td rowspan="2">预埋钢板</td><td>中心线位置偏移</td><td>5</td><td>用尺量测纵横两个方向的中心线位置,取其中较大值</td></tr>
<tr><td>平面高差</td><td>0,−5</td><td>用尺紧靠在预埋件上,用楔形塞尺量测预埋件平面与混凝土面的最大缝隙</td></tr>
<tr><td rowspan="2">9</td><td rowspan="2">预埋螺栓</td><td>中心线位置偏移</td><td>2</td><td>用尺量测纵横两个方向的中心线位置,取其中较大值</td></tr>
<tr><td>外露长度</td><td>+10,−5</td><td>用尺量</td></tr>
<tr><td rowspan="2">10</td><td rowspan="2">预埋套筒、螺母</td><td>中心线位置偏移</td><td>2</td><td>用尺量测纵横两个方向的中心线位置,取其中较大值</td></tr>
<tr><td>平面高差</td><td>0,−5</td><td>用尺紧靠在预埋件上,用楔形塞尺量测预埋件平面与混凝土面的最大缝隙</td></tr>
<tr><td rowspan="2">11</td><td rowspan="2">预留孔</td><td colspan="2">中心线位置偏移</td><td>5</td><td>用尺量测纵横两个方向的中心线位置,取其中较大值</td></tr>
<tr><td colspan="2">孔尺寸</td><td>±5</td><td>用尺量测纵横两个方向尺寸,取其最大值</td></tr>
<tr><td rowspan="2">12</td><td rowspan="2">预留洞</td><td colspan="2">中心线位置偏移</td><td>5</td><td>用尺量测纵横两个方向的中心线位置,取其中较大值</td></tr>
<tr><td colspan="2">洞口尺寸、深度</td><td>±5</td><td>用尺量测纵横两个方向尺寸,取其最大值</td></tr>
<tr><td rowspan="2">13</td><td rowspan="2">预留插筋</td><td colspan="2">中心线位置偏移</td><td>3</td><td>用尺量测纵横两个方向的中心线位置,取其中较大值</td></tr>
<tr><td colspan="2">外露长度</td><td>±5</td><td>用尺量</td></tr>
<tr><td rowspan="2">14</td><td rowspan="2">吊环、木砖</td><td colspan="2">中心线位置偏移</td><td>10</td><td>用尺量测纵横两个方向的中心线位置,取其中较大值</td></tr>
<tr><td colspan="2">与构件表面混凝土高差</td><td>0,−10</td><td>用尺量</td></tr>
<tr><td rowspan="3">15</td><td rowspan="3">键槽</td><td colspan="2">中心线位置偏移</td><td>5</td><td>用尺量测纵横两个方向的中心线位置,取其中较大值</td></tr>
<tr><td colspan="2">长度、宽度</td><td>±5</td><td>用尺量</td></tr>
<tr><td colspan="2">深度</td><td>±5</td><td>用尺量</td></tr>
<tr><td rowspan="3">16</td><td rowspan="3">灌浆套筒及连接钢筋</td><td colspan="2">灌浆套筒中心线位置</td><td>2</td><td>用尺量测纵横两个方向的中心线位置,取其中较大值</td></tr>
<tr><td colspan="2">连接钢筋中心线位置</td><td>2</td><td>用尺量测纵横两个方向的中心线位置,取其中较大值</td></tr>
<tr><td colspan="2">连接钢筋外露长度</td><td>+10,0</td><td>用尺量</td></tr>
</table>

预制梁柱桁架类构件外形尺寸允许偏差及检验方法　　表 2-11

<table>
<tr><th>项次</th><th colspan="3">检查项目</th><th>允许偏差(mm)</th><th>检验方法</th></tr>
<tr><td rowspan="3">1</td><td rowspan="3">规格尺寸</td><td rowspan="3">长度</td><td><12m</td><td>±5</td><td rowspan="3">用尺量两端及中间部,取其中偏差绝对值较大值</td></tr>
<tr><td>≥12m 且<18m</td><td>±10</td></tr>
<tr><td>≥18m</td><td>±20</td></tr>
</table>

续表

项次	检查项目			允许偏差(mm)	检验方法
2	规格尺寸	宽度		±5	用尺量两端及中间部，取其中偏差绝对值较大值
3		高度		±5	用尺量板四角和四边中部位置共8处，取其中偏差绝对值较大值
4	表面平整度			4	用2m靠尺安放在构件表面上，用楔形塞尺量测靠尺与表面之间的最大缝隙
5	侧向弯曲		梁柱	$L/750$ 且≤20mm	拉线，钢尺量最大弯曲处
			桁架	$L/1000$ 且≤20mm	
6	预埋部件	预埋钢板	中心线位置偏移	5	用尺量测纵横两个方向的中心线位置，取其中较大值
			平面高差	0，−5	用尺紧靠在预埋件上，用楔形塞尺量测预埋件平面与混凝土面的最大缝隙
7		预埋螺栓	中心线位置偏移	2	用尺量测纵横两个方向的中心线位置，取其中较大值
			外露长度	+10，−5	用尺量
8	预留孔	中心线位置偏移		5	用尺量测纵横两个方向的中心线位置，取其中较大值
		孔尺寸		±5	用尺量测纵横两个方向尺寸，取其最大值
9	预留洞	中心线位置偏移		5	用尺量测纵横两个方向的中心线位置，取其中较大值
		洞口尺寸、深度		±5	用尺量测纵横两个方向尺寸，取其最大值
10	预留插筋	中心线位置偏移		3	用尺量测纵横两个方向的中心线位置，取其中较大值
		外露长度		±5	用尺量
11	吊环	中心线位置偏移		10	用尺量测纵横两个方向的中心线位置，取其中较大值
		留出高度		0，−10	用尺量
12	键槽	中心线位置偏移		5	用尺量测纵横两个方向的中心线位置，取其中较大值
		长度、宽度		±5	用尺量
		深度		±5	用尺量
13	灌浆套筒及连接钢筋	灌浆套筒中心线位置		2	用尺量测纵横两个方向的中心线位置，取其中较大值
		连接钢筋中心线位置		2	用尺量测纵横两个方向的中心线位置，取其中较大值
		连接钢筋外露长度		+10，0	用尺量测

装饰构件外观尺寸允许偏差及检验方法　　表 2-12

项次	装饰种类	检查项目	允许偏差(mm)	检验方法
1	通用	表面平整度	2	2m 靠尺或塞尺检查
2	面砖、石材	阳角方正	2	用托线板检查
3		上口平直	2	拉通线用钢尺检查
4		接缝平直	3	用钢尺或塞尺检查
5		接缝深度	±5	用钢尺或塞尺检查
6		接缝宽度	±2	用钢尺检查

注：本内容参照《装配式混凝土建筑技术标准》GB/T 51231—2016 第 9.7.4 条规定。

2.3 叶墙板的拉结件

《工程质量安全手册》第 3.5.3 条：

夹芯外墙板内外叶墙板之间的拉结件类别、数量、使用位置及性能符合设计要求。

实施细则：

2.3.1 拉结件类别

2.3.1.1 质量目标

夹芯外墙板的内外叶墙板之间的拉结件类别、数量、使用位置及性能应符合设计要求。

检查数量：按同一工程、同一工艺的预制构件分批抽样检验。

检验方法：检查试验报告单、质量证明文件及隐蔽工程检查记录。

注：本内容参照《装配式混凝土建筑技术标准》GB/T 51231—2016 第 9.7.9 条规定。

2.3.1.2 质量保证措施

夹心外墙板中内外叶墙板的拉结件应符合下列规定：

(1) 金属及非金属材料拉结件均应具有规定的承载力、变形和耐久性能，并应经过试验验证；

(2) 拉结件应满足夹心外墙板的节能设计要求。

注：本内容参照《装配式混凝土结构技术规程》JGJ 1—2014 第 4.2.7 条规定。

2.3.2 使用位置及数量

2.3.2.1 质量目标

夹芯外墙板的内外叶墙板之间的拉结件类别、数量、使用位置及性能应符合设计要求。

检查数量：按同一工程、同一工艺的预制构件分批抽样检验。

检验方法：检查试验报告单、质量证明文件及隐蔽工程检查记录。

注：本内容参照《装配式混凝土建筑技术标准》GB/T 51231—2016 第 9.7.9 条规定。

2.3.2.2　质量保障措施

带保温材料的预制构件宜采用水平浇筑方式成型。夹芯保温墙板成型尚应符合下列规定：

（1）拉结件的数量和位置应满足设计要求；

（2）应采取可靠措施保证拉结件位置、保护层厚度，保证拉结件在混凝土中可靠锚固；

（3）应保证保温材料间拼缝严密或使用粘结材料密封处理；

（4）在上层混凝土浇筑完成之前，下层混凝土不得初凝。

夹芯保温墙板内外叶墙体拉结件的品种、数量、位置对于保证外叶墙结构安全、避免墙体开裂极为重要，其安装必须符合设计要求和产品技术手册。控制内外页墙体混凝土浇筑间隔是为了保证拉结件与混凝土的连接质量。

注：本内容参照《装配式混凝土建筑技术标准》GB/T 51231—2016 第 9.6.6 条规定。

2.3.3　性能要求

2.3.3.1　质量目标

夹芯外墙板的内外叶墙板之间的拉结件类别、数量、使用位置及性能应符合设计要求。

检查数量：按同一工程、同一工艺的预制构件分批抽样检验。

检验方法：检查试验报告单、质量证明文件及隐蔽工程检查记录。

注：本内容参照《装配式混凝土建筑技术标准》GB/T 51231—2016 第 9.7.9 条规定。

夹芯保温外墙板用的保温材料类别、厚度、位置及性能应满足设计要求。

检查数量：按批检查。

检验方法：观察、量测，检查保温材料质量证明文件及检验报告。

注：本内容参照《装配式混凝土建筑技术标准》GB/T 51231—2016 第 9.7.10 条规定。

2.3.3.2　质量保证措施

夹心外墙板中的保温材料，其导热系数不宜大于 0.040W/(m・K)，体积比吸水率不宜大于 0.3%，燃烧性能不应低于国家标准《建筑材料及制品燃烧性能分级》GB 8624—2012 中 B_2 级的要求。

借鉴美国 PCI 手册的要求，综合、定性地提出基本要求：

美国的 PCI 手册中，对夹心外墙板所采用的保温材料的性能要求见表 2-13，仅供参考。根据美国的使用经验，由于挤塑聚苯乙烯板（XPS）的抗压强度高，吸水率低，因此 XPS 在夹心外墙板中受到最为广泛的应用。使用时还需对其作界面隔离处理，以允许外叶墙体的自由伸缩。当采用改性聚氨酯（PIR）时，美国多采用带有塑料表皮的改性聚氨酯板材。

保温材料的性能要求　　　　表 2-13

保温材料	聚苯乙烯						改性聚氨酯（PIR）		酚醛	泡沫玻璃
	EPS			XPS			无表皮	有表皮		
密度（kg/m³）	11.2～14.4	17.6～22.4	28.8	20.8～25.6	28.8～25.2	48.0	32.0～96.1	32.0～96.1	32.0～48	107～147
吸水率（%）（体积比）	<4.0	<3.0	<2.0	<0.3			<3.0	1.0～2.0	<3.0	<0.5
抗压强度（kPa）	34～69	90～103	172	103～172	276～414	690	110～345	110	68～110	448
抗拉强度（kPa）	124～172			172	345	724	310～965	3448	414	345
线膨胀系数（1/℃）$\times10^{-6}$	45～73			45～73			54～109		18～36	2.9～8.3
剪切强度（kPa）	138～241			—	241	345	138～690		83	345
弯曲强度（kPa）	69～172	207～276	345	276～345	414～517	690	345～1448	276～345	173	414
导热系数 W/(m·K)	0.046～0.040	0.037～0.036	0.033	0.029			0.026	0.014～0.022	0.023～0.033	0.050
最高可用温度（℃）	74			74			121		149	482

注：本内容参照《装配式混凝土结构技术规程》JGJ 1—2014 第 4.3.2 条规定。

2.4 饰面与混凝土的粘结性能

《工程质量安全手册》第 3.5.4 条：

预制构件表面预贴饰面砖、石材等饰面与混凝土的粘结性能符合设计和规范要求。

实施细则：

2.4.1 预贴饰面砖、石材与混凝土的粘结性能要求

2.4.1.1 质量目标

预制构件表面预贴饰面砖、石材等饰面与混凝土的粘结性能应符合设计和国家现行有关标准的规定。

检查数量：按批检查。

检验方法：检查拉拔强度检验报告。

注：本内容参照《装配式混凝土建筑技术标准》GB/T 51231—2016 第 11.2.4 条规定。

2.4.1.2 质量保证措施

带饰面砖的预制构件进入施工现场后，应对饰面砖粘结强度进行复验。

注：本内容参照《建筑工程饰面砖粘结强度检验标准》JGJ 110—2017 第 3.0.2 条规定。

面砖与混凝土的粘结强度应符合现行行业标准《建筑工程饰面砖粘结强度检验标准》JGJ 110 和《外墙饰面砖工程施工及验收规程》JGJ 126 的有关规定。

检查数量：按同一工程、同一工艺的预制构件分批抽样检验。

检验方法：检查试验报告单。

注：本内容参照《装配式混凝土建筑技术标准》GB/T 51231—2016 第 9.7.7 条规定。

陶瓷类装饰面砖与构件基面的粘结强度应符合现行行业标准《建筑工程饰面砖粘结强度检验标准》JGJ 110 和《外墙面砖工程施工及验收规范》JGJ 126 等的规定。

注：本内容参照《装配式混凝土结构技术规程》JGJ 1—2014 第 11.4.4 条规定。

2.5 后浇混凝土钢筋安装

《工程质量安全手册》第 3.5.5 条：

后浇混凝土中钢筋安装、钢筋连接、预埋件安装符合设计和规范要求。

实施细则：

2.5.1 钢筋安装

2.5.1.1 质量目标

钢筋安装时，受力钢筋的牌号、规格和数量必须符合设计要求。

检查数量：全数检查。

检验方法：观察，尺量。

注：本内容参照《混凝土结构工程施工质量验收规范》GB 50204—2015 第 5.5.1 条规定。

钢筋应安装牢固。受力钢筋的安装位置、锚固方式应符合设计要求。

检查数量：全数检查。

检验方法：观察，尺量。

注：本内容参照《混凝土结构工程施工质量验收规范》GB 50204—2015 第 5.5.2 条规定。

2.5.1.2 质量保证措施

（1）钢筋安装偏差及检验方法应符合表 2-14 的规定，受力钢筋保护层厚度的合格点率应达到 90%及以上，且不得有超过表中数值 1.5 倍的尺寸偏差。

检查数量：在同一检验批内，对梁、柱和独立基础，应抽查构件数量的10%，且不应少于3件；对墙和板，应按有代表性的自然间抽查10%，且不应少于3间；对大空间结构，墙可按相邻轴线间高度5m左右划分检查面，板可按纵、横轴线划分检查面，抽查10%，且均不应少于3面。

钢筋安装允许偏差和检验方法 **表 2-14**

项目		允许偏差(mm)	检验方法
绑扎钢筋网	长、宽	±10	尺量
	网眼尺寸	±20	尺量连续三档，取最大偏差值
绑扎钢筋骨架	长	±10	尺量
	宽、高	±5	尺量
纵向受力钢筋	锚固长度	−20	尺量
	间距	±10	尺量两端、中间各一点，取最大偏差值
	排距	±5	
纵向受力钢筋、箍筋的混凝土保护层厚度	基础	±10	尺量
	柱、梁	±5	尺量
	板、墙、壳	±3	尺量
绑扎箍筋、横向钢筋间距		±20	尺量连续三档，取最大偏差值
钢筋弯起点位置		20	尺量
预埋件	中心线位置	5	尺量
	水平高差	+3,0	塞尺量测

注：检查中心线位置时，沿纵、横两个方向量测，并取其中偏差的较大值。

注：本内容参照《混凝土结构工程施工质量验收规范》GB 50204—2015 第5.5.3条规定。

(2) 钢筋半成品、钢筋网片、钢筋骨架和钢筋桁架应检查合格后方可进行安装，并应符合下列规定：

1) 钢筋表面不得有油污，不应严重锈蚀。

2) 钢筋网片和钢筋骨架宜采用专用吊架进行吊运。

3) 混凝土保护层厚度应满足设计要求。保护层垫块宜与钢筋骨架或网片绑扎牢固，按梅花状布置，间距满足钢筋限位及控制变形要求，钢筋绑扎丝甩扣应弯向构件内侧。

4) 钢筋成品的尺寸偏差应符合表2-15的规定，钢筋桁架的尺寸偏差应符合表2-16的规定。

安装后还应及时检查钢筋的品种、级别、规格、数量。

当钢筋网片或钢筋骨架中钢筋作为连接钢筋时，如与灌浆套筒连接，该部分钢筋定位应协调考虑连接的精度要求。

钢筋成品的允许偏差和检验方法 **表 2-15**

项目		允许偏差(mm)	检验方法
钢筋网片	长、宽	±5	钢尺检查
	网眼尺寸	±10	钢尺量连续三挡，取最大值

续表

项目			允许偏差(mm)	检验方法
钢筋网片	对角线		5	钢尺检查
	端头不齐		5	钢尺检查
钢筋骨架	长		0,−5	钢尺检查
	宽		±5	钢尺检查
	高(厚)		±5	钢尺检查
	主筋间距		±10	钢尺量两端、中间各一点,取最大值
	主筋排距		±5	钢尺量两端、中间各一点,取最大值
	箍筋间距		±10	钢尺量连续三挡,取最大值
	弯起点位置		15	钢尺检查
	端头不齐		5	钢尺检查
	保护层	柱、梁	±5	钢尺检查
		板、墙	±3	钢尺检查

钢筋桁架尺寸允许偏差 表 2-16

项次	检验项目	允许偏差(mm)
1	长度	总长度的±0.3%,且不超过±10
2	高度	+1,−3
3	宽度	±5
4	扭翘	≤5

钢筋安装应采用定位件固定钢筋的位置，并宜采用专用定位件。定位件应具有足够的承载力、刚度、稳定性和耐久性。定位件的数量、间距和固定方式，应能保证钢筋的位置偏差符合国家现行有关标准的规定。混凝土框架梁、柱保护层内，不宜采用金属定位件。

注：本内容参照《混凝土结构工程施工规范》GB 50666—2011 第 5.4.9 条规定。

(3) 钢筋安装过程中，因施工操作需要而对钢筋进行焊接时，应符合现行行业标准《钢筋焊接及验收规程》JGJ 18 的有关规定。

注：本内容参照《混凝土结构工程施工规范》GB 50666—2011 第 5.4.10 条规定。

(4) 采用复合箍筋时，箍筋外围应封闭。梁类构件复合箍筋内部，宜选用封闭箍筋，奇数肢也可采用单肢箍筋；柱类构件复合箍筋内部可部分采用单肢箍筋。

注：本内容参照《混凝土结构工程施工规范》GB 50666—2011 第 5.4.11 条规定。

(5) 钢筋安装应采取防止钢筋受模板、模具内表面的脱模剂污染的措施。

注：本内容参照《混凝土结构工程施工规范》GB 50666—2011 第 5.4.12 条规定。

2.5.2 钢筋连接

2.5.2.1 质量目标

钢筋采用机械连接时，其接头质量应符合现行行业标准《钢筋机械连接技术规程》JGJ 107 的有关规定。

检查数量：应符合现行行业标准《钢筋机械连接技术规程》JGJ 107 的有关规定。

检验方法：检查钢筋机械连接施工记录及平行试件的强度试验报告。

注：本内容参照《装配式混凝土建筑技术标准》GB/T 51231—2016 第 11.3.6 条规定。

钢筋采用焊接连接时，其焊缝的接头质量应满足设计要求，并应符合现行行业标准《钢筋焊接及验收规程》JGJ 18 的有关规定。

检查数量：应符合现行行业标准《钢筋焊接及验收规程》JGJ 18 的有关规定。

检验方法：检查钢筋焊接接头检验批质量验收记录。

注：本内容参照《装配式混凝土建筑技术标准》GB/T 51231—2016 第 11.3.7 条规定。

在装配式混凝土结构中，常会采用钢筋或钢板焊接连接。当钢筋或型钢采用焊接连接时，钢筋或型钢的焊接质量是保证结构传力的关键主控项目，应由具备资格的焊工进行操作，并应按国家现行标准《钢结构工程施工质量验收规范》GB 50205 和《钢筋焊接及验收规程》JGJ 18 的有关规定进行验收。

考虑到装配式混凝土结构中钢筋或型钢焊接连接的特殊性，很难做到连接试件原位截取，故要求制作平行加工试件。平行加工试件应与实际钢筋连接接头的施工环境相似，并宜在工程结构附近制作。

钢筋采用机械连接时，应按现行行业标准《钢筋机械连接技术规程》JGJ 107 的有关规定进行验收。平行加工试件应与实际钢筋连接接头的施工环境相似，并宜在工程结构附近制作。对于直螺纹机械连接接头，应按有关标准规定检验螺纹接头拧紧扭矩和挤压接头压痕直径。对于冷挤压套筒机械连接接头，其接头质量也应符合国家现行有关标准的规定。

装配式混凝土结构采用螺栓连接时，螺栓、螺母、垫片等材料的进场验收应符合现行国家标准《钢结构工程施工质量验收规范》GB 50205 的有关规定。施工时应分批逐个检查螺栓的拧紧力矩，并做好施工记录。

2.5.2.2 质量保证措施

钢筋采用机械连接或焊接连接时，钢筋机械连接接头、焊接接头的力学性能、弯曲性能应符合国家现行有关标准的规定。接头试件应从工程实体中截取。

检查数量：按现行行业标准《钢筋机械连接技术规程》JGJ 107 和《钢筋焊接及验收规程》JGJ 18 的规定确定。

检验方法：检查质量证明文件和抽样检验报告。

注：本内容参照《混凝土结构工程施工质量验收规范》GB 50204—2015 第 5.4.2 条规定。

螺纹采用机械连接时，螺纹接头应检验拧紧扭矩值，挤压接头应量测压痕直径，检验结果应符合现行行业标准《钢筋机械连接技术规程》JGJ 107 的相关规定。

检查数量：按现行行业标准《钢筋机械连接技术规程》JGJ 107 的规定确定。

检验方法：采用专用扭力扳手或专用量规检查。

注：本内容参照《混凝土结构工程施工质量验收规范》GB 50204—2015 第 5.4.3 条规定。

钢筋接头的位置应符合设计和施工方案要求。有抗震设防要求的结构中，梁端、柱端箍筋加密区范围内不应进行钢筋搭接。接头末端至钢筋弯起点的距离不应小于钢筋直径的10倍。

检查数量：全数检查。

检验方法：观察，尺量。

注：本内容参照《混凝土结构工程施工质量验收规范》GB 50204—2015 第 5.4.4 条规定。

钢筋机械连接接头、焊接接头的外观质量应符合现行行业标准《钢筋机械连接技术规程》JGJ 107 和《钢筋焊接及验收规程》JGJ 18 的规定。

检查数量：按现行行业标准《钢筋机械连接技术规程》JGJ 107 和《钢筋焊接及验收规程》JGJ 18 的规定确定。

检验方法：观察，尺量。

注：本内容参照《混凝土结构工程施工质量验收规范》GB 50204—2015 第 5.4.5 条规定。

当纵向受力钢筋采用机械连接接头或焊接接头时，同一连接区段内纵向受力钢筋的接头面积百分率应符合设计要求；当设计无具体要求时，应符合下列规定：

（1）受拉接头，不宜大于 50%；受压接头，可不受限制；

（2）直接承受动力荷载的结构构件中，不宜采用焊接；当采用机械连接时，不应超过 50%。

检查数量：在同一检验批内，对梁、柱和独立基础，应抽查构件数量的 10%，且不应少于 3 件；对墙和板，应按有代表性的自然间抽查 10%，且不应少于 3 间；对大空间结构，墙可按相邻轴线间高度 5m 左右划分检查面，板可按纵横轴线划分检查面，抽查 10%，且均不应少于 3 面。

检验方法：观察，尺量。

注：（1）接头连接区段是指长度为 35d 且不小于 500mm 的区段，d 为相互连接两根钢筋的直径较小值。

（2）同一连接区段内纵向受力钢筋接头面积百分率为接头中点位于该连接区段内的纵向受力钢筋截面面积与全部纵向受力钢筋截面面积的比值。

注：本内容参照《混凝土结构工程施工质量验收规范》GB 50204—2015 第 5.4.6 条规定。

当纵向受力钢筋采用绑扎搭接接头时，接头的设置应符合下列规定：

（1）接头的横向净间距不应小于钢筋直径，且不应小于 25mm；

（2）同一连接区段内，纵向受拉钢筋的接头面积百分率应符合设计要求；当设计无具体要求时，应符合下列规定：

1）梁类、板类及墙类构件，不宜超过 25%；基础筏板，不宜超过 50%。

2）柱类构件，不宜超过 50%。

3）当工程中确有必要增大接头面积百分率时，对梁类构件，不应大于 50%。

检查数量：在同一检验批内，对梁、柱和独立基础，应抽查构件数量的 10%，且不应少于 3 件；对墙和板，应按有代表性的自然间抽查 10%，且不应少于 3 间；对大空间结构，墙可按相邻轴线间高度 5m 左右划分检查面，板可按纵横轴线划分检查面，抽查 10%，且均不应少于 3 面。

检验方法：观察，尺量。

注：(1) 接头连接区段是指长度为 1.3 倍搭接长度的区段。搭接长度取相互连接两根钢筋中较小直径计算。

(2) 同一连接区段内纵向受力钢筋接头面积百分率为接头中点位于该连接区段长度内的纵向受力钢筋截面面积与全部纵向受力钢筋截面面积的比值。

注：本内容参照《混凝土结构工程施工质量验收规范》GB 50204—2015 第 5.4.7 条规定。

梁、柱类构件的纵向受力钢筋搭接长度范围内箍筋的设置应符合设计要求；当设计无具体要求时，应符合下列规定：

(1) 箍筋直径不应小于搭接钢筋较大直径的 1/4；

(2) 受拉搭接区段的箍筋间距不应大于搭接钢筋较小直径的 5 倍，且不应大于 100mm；

(3) 受压搭接区段的箍筋间距不应大于搭接钢筋较小直径的 10 倍，且不应大于 200mm；

(4) 当柱中纵向受力钢筋直径大于 25mm 时，应在搭接接头两个端面外 100mm 范围内各设置二道箍筋，其间距宜为 50mm。

检查数量：在同一检验批内，应抽查构件数量的 10%，且不应少于 3 件。

检验方法：观察，尺量。

注：本内容参照《混凝土结构工程施工质量验收规范》GB 50204—2015 第 5.4.8 条规定。

钢筋连接除应符合现行国家标准《混凝土结构工程施工规范》GB 50666 的有关规定外，尚应符合下列规定：

(1) 钢筋接头的方式、位置、同一截面受力钢筋的接头百分率、钢筋的搭接长度及锚固长度等应符合设计要求或国家现行有关标准的规定；

(2) 钢筋焊接接头、机械连接接头和套筒灌浆连接接头均应进行工艺检验，试验结果合格后方可进行预制构件生产；

(3) 螺纹接头和半灌浆套筒连接接头应使用专用扭力扳手拧紧至规定扭力值；

(4) 钢筋焊接接头和机械连接接头应全数检查外观质量；

(5) 焊接接头、钢筋机械连接接头、钢筋套筒灌浆连接接头力学性能应符合现行行业标准《钢筋焊接及验收规程》JGJ 18、《钢筋机械连接技术规程》JGJ 107 和《钢筋套筒灌浆连接应用技术规程》JGJ 355 的有关规定。

钢筋连接质量好坏关系到结构安全，本条提出了钢筋连接必须进行工艺检验的要求，在施工过程中重点检查。尤其是钢筋螺纹接头以及半灌浆套筒连接接头机械连接端安装时，可根据安装需要采用管钳、扭力扳手等工具，安装后应使用专用扭力扳手校核拧紧力矩，安装用扭力扳手和校核用扭力扳手应区分使用，二者的精度、校准要求均有所不同。

注：本内容参照《装配式混凝土建筑技术标准》GB/T 51231—2016 第 9.4.2 条

规定。

装配式混凝土结构中，节点及接缝处的纵向钢筋连接宜根据接头受力、施工工艺等要求选用套筒灌浆连接、机械连接、浆锚搭接连接、焊接连接、绑扎搭接连接等连接方式。直径大于 20mm 的钢筋不宜采用浆锚搭接连接，直接承受动力荷载的构件纵向钢筋不应采用浆锚搭接连接。当采用套筒灌浆连接时，应符合现行行业标准《钢筋套筒灌浆连接应用技术规程》JGJ 355 的规定；当采用机械连接时，应符合现行行业标准《钢筋机械连接技术规程》JGJ 107 的规定；当采用焊接连接时，应符合现行行业标准《钢筋焊接及验收规程》JGJ 18 的规定。

注：本内容参照《装配式混凝土建筑技术标准》GB/T 51231—2016 第 5.4.4 条规定。

装配整体式框架结构中，框架柱的纵筋连接宜采用套筒灌浆连接，梁的水平钢筋连接可根据实际情况选用机械连接、焊接连接或者套筒灌浆连接。装配整体式剪力墙结构中，预制剪力墙竖向钢筋的连接可根据不同部位，分别采用套筒灌浆连接、浆锚搭接连接，水平分布筋的连接可采用焊接、搭接等。

注：本内容参照《装配式混凝土结构技术规程》JGJ 1—2014 第 6.5.2 条规定。

纵向钢筋采用挤压套筒连接时应符合下列规定：

（1）连接框架柱、框架梁、剪力墙边缘构件纵向钢筋的挤压套筒接头应满足Ⅰ级接头的要求，连接剪力墙竖向分布钢筋、楼板分布钢筋的挤压套筒接头应满足Ⅰ级接头抗拉强度的要求；

（2）被连接的预制构件之间应预留后浇段，后浇段的高度或长度应根据挤压套筒接头安装工艺确定，应采取措施保证后浇段的混凝土浇筑密实；

（3）预制柱底、预制剪力墙底宜设置支腿，支腿应能承受不小于 2 倍被支承预制构件的自重。

挤压套筒用于装配式混凝土结构时，具有连接可靠、施工方便、少用人工、施工质量现场可检查等优点。施工现场采用机具对套筒进行挤压实现钢筋连接时，需要有足够大的操作空间，因此，预制构件之间应预留足够的后浇段。

挤压套筒应用前应将套筒与钢筋装配成接头进行型式检验，确定满足接头抗拉强度和变形性能的要求后方可用于工程实践。

注：本内容参照《装配式混凝土建筑技术标准》GB/T 51231—2016 第 5.4.5 条规定。

纵向钢筋采用套筒灌浆连接时，应符合下列规定：

（1）接头应满足行业标准《钢筋机械连接技术规程》JGJ 107—2010 中Ⅰ级接头的性能要求，并应符合国家现行有关标准的规定；

（2）预制剪力墙中钢筋接头处套筒外侧钢筋的混凝土保护层厚度不应小于 15mm，预制柱中钢筋接头处套筒外侧箍筋的混凝土保护层厚度不应小于 20mm；

（3）套筒之间的净距不应小于 25mm。

注：本内容参照《装配式混凝土结构技术规程》JGJ 1—2014 第 6.5.3 条规定。

纵向钢筋采用浆锚搭接连接时，对预留孔成孔工艺、孔道形状和长度、构造要求、灌浆料和被连接钢筋，应进行力学性能以及适用性的试验验证。直径大于 20mm 的钢筋不宜采用浆锚搭接连接，直接承受动力荷载构件的纵向钢筋不应采用浆锚搭接连接。

注：本内容参照《装配式混凝土结构技术规程》JGJ 1—2014 第 6.5.4 条规定。

预制构件纵向钢筋宜在后浇混凝土内直线锚固；当直线锚固长度不足时，可采用弯折、机械锚固方式，并应符合现行国家标准《混凝土结构设计规范》GB 50010 和《钢筋锚固板应用技术规程》JGJ 256 的规定。

预制构件纵向钢筋的锚固多采用锚固板的机械锚固方式，伸出构件的钢筋长度较短且不需弯折，便于构件加工及安装。

注：本内容参照《装配式混凝土结构技术规程》JGJ 1—2014 第 6.5.6 条规定。

夹芯保温外墙板后浇混凝土连接节点区域的钢筋连接施工时，不得采用焊接连接。

注：本内容参照《装配式混凝土建筑技术标准》GB/T 51231—2016 第 10.8.7 条规定。

2.5.3 预埋件安装

2.5.3.1 质量目标

后浇混凝土中钢筋安装、钢筋连接、预埋件安装符合设计和规范要求。

2.5.3.2 质量保证措施

用于固定连接件的预埋件与预埋吊件、临时支撑用预埋件不宜兼用；当兼用时，应同时满足各种设计工况要求。预制构件中预埋件的验算应符合现行国家标准《混凝土结构设计规范》GB 50010、《钢结构设计规范》GB 50017 和《混凝土结构工程施工规范》GB 50666 等有关规定。

注：本内容参照《装配式混凝土结构技术规程》JGJ 1—2014 第 6.4.4 条规定。

预制构件中外露预埋件凹入构件表面的深度不宜小于 10mm。

注：本内容参照《装配式混凝土结构技术规程》JGJ 1—2014 第 6.4.5 条规定。

预埋件和连接件等外露金属件应按不同环境类别进行封闭或防腐、防锈、防火处理，并应符合耐久性要求。

注：本内容参照《装配式混凝土结构技术规程》JGJ 1—2014 第 6.1.13 条规定。

构件上的预埋件和预留孔洞宜通过模具进行定位，并安装牢固，其安装偏差应符合表 2-17的规定。

模具上预埋件、预留孔洞安装允许偏差 表 2-17

项次	检查项目		允许偏差(mm)	检验方法
1	预埋钢板、建筑幕墙用槽式预埋组件	中心线位置	3	用尺量测纵横两个方向的中心线位置，取其中较大值
		平面高差	±2	钢直尺和塞尺检查
2	预埋管、电线盒、电线管水平和垂直方向的中心线位置偏移、预留孔、浆锚搭接预留孔(或波纹管)		2	用尺量测纵横两个方向的中心线位置，取其中较大值
3	插筋	中心线位置	3	用尺量测纵横两个方向的中心线位置，取其中较大值
		外露长度	+10，0	用尺量测
4	吊环	中心线位置	3	用尺量测纵横两个方向的中心线位置，取其中较大值
		外露长度	0，−5	用尺量测

续表

项次	检查项目		允许偏差(mm)	检验方法
5	预埋螺栓	中心线位置	2	用尺量测纵横两个方向的中心线位置,取其中较大值
		外露长度	+5,0	用尺量测
6	预埋螺母	中心线位置	2	用尺量测纵横两个方向的中心线位置,取其中较大值
		平面高差	±1	钢直尺和塞尺检查
7	预留洞	中心线位置	3	用尺量测纵横两个方向的中心线位置,取其中较大值
		尺寸	+3,0	用尺量测纵横两个方向尺寸,取其中较大值
8	灌浆套筒及连接钢筋	灌浆套筒中心线位置	1	用尺量测纵横两个方向的中心线位置,取其中较大值
		连接钢筋中心线位置	1	用尺量测纵横两个方向的中心线位置,取其中较大值
		连接钢筋外露长度	+5,0	用尺量测

注：本内容参照《装配式混凝土建筑技术标准》GB/T 51231—2016 第 9.3.4 条规定。

2.6 预制构件粗糙面或键槽

《工程质量安全手册》第 3.5.6 条：

预制构件的粗糙面或键槽符合设计要求。

实施细则：

2.6.1 预制构件粗糙面

2.6.1.1 质量目标

预制构件粗糙面的外观质量、键槽的外观质量和数量应符合设计要求。

检查数量：全数检查。

检验方法：观察，量测。

注：本内容参照《装配式混凝土建筑技术标准》GB/T 51231—2016 第 11.2.6 条规定。

预制构件的粗糙面或键槽成型质量应满足设计要求。

检查数量：全数检验。

检验方法：观察和量测。

注：本内容参照《装配式混凝土建筑技术标准》GB/T 51231—2016 第 9.7.6 条规定。

2.6.1.2 质量保证措施

采用后浇混凝土或砂浆、灌浆料连接的预制构件结合面，制作时应按设计要求进行粗糙面处理。设计无具体要求时，可采用化学处理、拉毛或凿毛等方法制作粗糙面。

注：本内容参照《装配式混凝土结构技术规程》JGJ 1—2014 第 11.3.7 条规定。

预制构件粗糙面成型应符合下列规定：

（1）可采用模板面预涂缓凝剂工艺，脱模后采用高压水冲洗露出骨料；

（2）叠合面粗糙面可在混凝土初凝前进行拉毛处理。

注：本内容参照《装配式混凝土建筑技术标准》GB/T 51231—2016 第 9.6.9 条规定。

预制构件与后浇混凝土、灌浆料、坐浆材料的结合面应设置粗糙面、键槽，并应符合下列规定：

（1）预制板与后浇混凝土叠合层之间的结合面应设置粗糙面。

（2）预制梁与后浇混凝土叠合层之间的结合面应设置粗糙面；预制梁端面应设置键槽（图 2-1）且宜设置粗糙面。键槽的尺寸和数量应按《装配式混凝土结构技术规程》JGJ 1—2014 第 7.2.2 条的规定计算确定；键槽的深度 t 不宜小于 30mm，宽度 w 不宜小于深度的 3 倍且不宜大于深度的 10 倍；键槽可贯通截面，当不贯通时槽口距离截面边缘不宜小于 50mm；键槽间距宜等于键槽宽度；键槽端部斜面倾角不宜大于 30°。

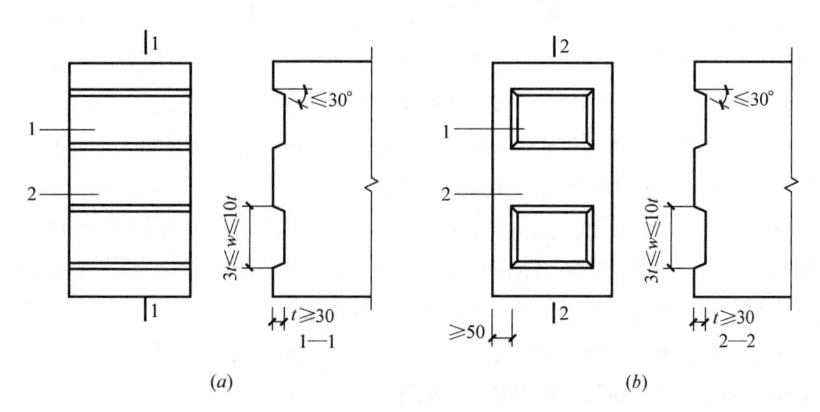

图 2-1 梁端键槽构造示意

(a) 键槽贯通截面；(b) 键槽不贯通截面

1—键槽；2—梁端面

（3）预制剪力墙的顶部和底部与后浇混凝土的结合面应设置粗糙面；侧面与后浇混凝土的结合面应设置粗糙面，也可设置键槽；键槽深度 t 不宜小于 20mm，宽度 w 不宜小于深度的 3 倍且不宜大于深度的 10 倍，键槽间距宜等于键槽宽度，键槽端部斜面倾角不宜大于 30°。

（4）预制柱的底部应设置键槽且宜设置粗糙面，键槽应均匀布置，键槽深度不宜小于 30mm，键槽端部斜面倾角不宜大于 30°。柱顶应设置粗糙面。

（5）粗糙面的面积不宜小于结合面的 80%，预制板的粗糙面凹凸深度不应小于 4mm，预制梁端、预制柱端、预制墙端的粗糙面凹凸深度不应小于 6mm。

试验表明，预制梁端采用键槽的方式时，其受剪承载力一般大于粗糙面，且易于控制加工质量及检验。键槽深度太小时，易发生承压破坏；当不会发生承压破坏时，增加键槽深度对增加受剪承载力没有明显帮助，键槽深度一般在 30mm 左右。梁端键槽数量通常较少，一般为 1～3 个，可以通过公式较准确地计算键槽的受剪承载力。对于预制墙板侧面，键槽数量很多，和粗糙面的工作机理类似，键槽深度及尺寸可减小。

注：本内容参照《装配式混凝土结构技术规程》JGJ 1—2014 第 6.5.5 条规定。

2.6.2　预制构件键槽

2.6.2.1　质量目标

预制构件粗糙面的外观质量、键槽的外观质量和数量应符合设计要求。

检查数量：全数检查。

检验方法：观察，量测。

注：本内容参照《装配式混凝土建筑技术标准》GB/T 51231—2016 第 11.2.6 条规定。

2.6.2.2　质量保证措施

预制构件与后浇混凝土、灌浆料、坐浆材料的结合面应设置粗糙面、键槽，并应符合下列规定：

（1）预制板与后浇混凝土叠合层之间的结合面应设置粗糙面。

（2）预制梁与后浇混凝土叠合层之间的结合面应设置粗糙面；预制梁端面应设置键槽（图 2-1）且宜设置粗糙面。键槽的尺寸和数量应按《装配式混凝土结构技术规程》JGJ 1—2014 第 7.2.2 条的规定计算确定；键槽的深度 t 不宜小于 30mm，宽度 w 不宜小于深度的 3 倍且不宜大于深度的 10 倍；键槽可贯通截面，当不贯通时槽口距离截面边缘不宜小于 50mm；键槽间距宜等于键槽宽度；键槽端部斜面倾角不宜大于 30°。

（3）预制剪力墙的顶部和底部与后浇混凝土的结合面应设置粗糙面；侧面与后浇混凝土的结合面应设置粗糙面，也可设置键槽；键槽深度 t 不宜小于 20mm，宽度 w 不宜小于深度的 3 倍且不宜大于深度的 10 倍，键槽间距宜等于键槽宽度，键槽端部斜面倾角不宜大于 30°。

（4）预制柱的底部应设置键槽且宜设置粗糙面，键槽应均匀布置，键槽深度不宜小于 30mm，键槽端部斜面倾角不宜大于 30°。柱顶应设置粗糙面。

（5）粗糙面的面积不宜小于结合面的 80%，预制板的粗糙面凹凸深度不应小于 4mm，预制梁端、预制柱端、预制墙端的粗糙面凹凸深度不应小于 6mm。

试验表明，预制梁端采用键槽的方式时，其受剪承载力一般大于粗糙面，且易于控制加工质量及检验。键槽深度太小时，易发生承压破坏；当不会发生承压破坏时，增加键槽深度对增加受剪承载力没有明显帮助，键槽深度一般在 30mm 左右。梁端键槽数量通常较少，一般为 1～3 个，可以通过公式较准确地计算键槽的受剪承载力。对于预制墙板侧面，键槽数量很多，和粗糙面的工作机理类似，键槽深度及尺寸可减小。

注：本内容参照《装配式混凝土结构技术规程》JGJ 1—2014 第 6.5.5 条规定。

2.7　预制构件连接

《工程质量安全手册》第 3.5.7 条：

预制构件与预制构件、预制构件与主体结构之间的连接符合设计要求。

实施细则：

2.7.1 预制构件与预制构件的连接

2.7.1.1 质量目标

预制构件与预制构件、预制构件与主体结构之间的连接符合设计要求。

2.7.1.2 质量保证措施

楼层内相邻预制剪力墙之间应采用整体式接缝连接，且应符合下列规定：

（1）当接缝位于纵横墙交接处的约束边缘构件区域时，约束边缘构件的阴影区域（图 2-2）宜全部采用后浇混凝土，并应在后浇段内设置封闭箍筋。

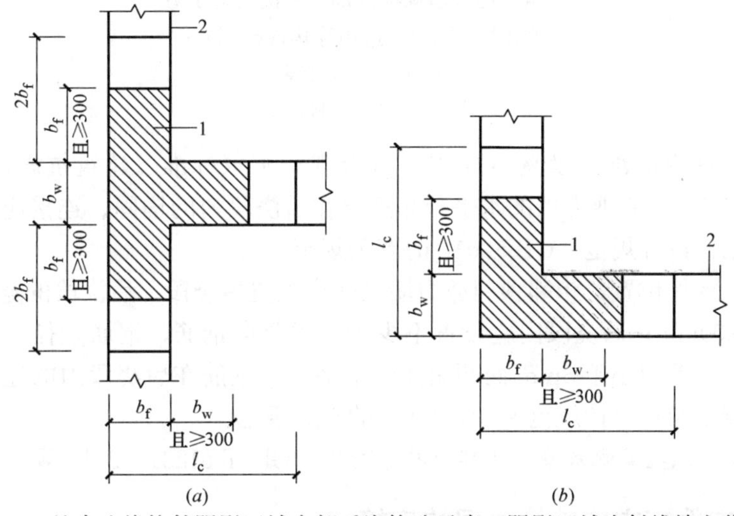

图 2-2 约束边缘构件阴影区域全部后浇构造示意（阴影区域为斜线填充范围）

（a）有翼墙；（b）转角墙

1—后浇段；2—预制剪力墙

（2）当接缝位于纵横墙交接处的构造边缘构件区域时，构造边缘构件宜全部采用后浇混凝土（图 2-3），当仅在一面墙上设置后浇段时，后浇段的长度不宜小于 300mm（图2-4）。

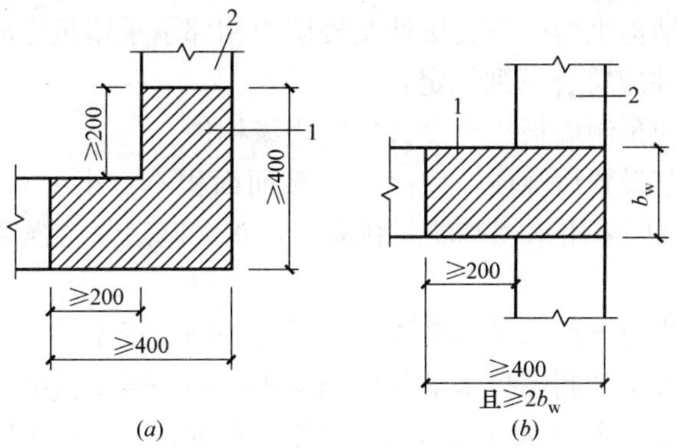

图 2-3 构造边缘构件全部后浇构造示意

（阴影区域为构造边缘构件范围）

（a）转角墙；（b）有翼墙

1—后浇段；2—预制剪力墙

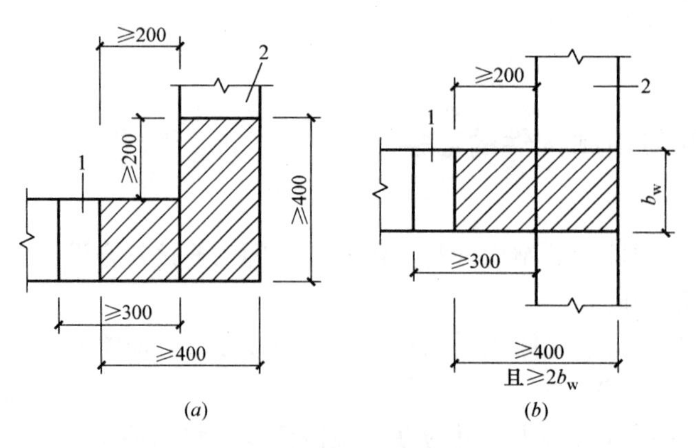

图 2-4　构造边缘构件部分后浇构造示意
（阴影区域为构造边缘构件范围）
（a）转角墙；（b）有翼墙
1—后浇段；2—预制剪力墙

（3）边缘构件内的配筋及构造要求应符合现行国家标准《建筑抗震设计规范》GB 50011 的有关规定；预制剪力墙的水平分布钢筋在后浇段内的锚固、连接应符合现行国家标准《混凝土结构设计规范》GB 50010 的有关规定。

（4）非边缘构件位置，相邻预制剪力墙之间应设置后浇段，后浇段的宽度不应小于墙厚且不宜小于 200mm；后浇段内应设置不少于 4 根竖向钢筋，钢筋直径不应小于墙体竖向分布钢筋直径且不应小于 8mm 两侧墙体的水平分布钢筋在后浇段内的连接应符合现行国家标准《混凝土结构设计规范》GB 50010 的有关规定。

注：本内容参照《装配式混凝土建筑技术标准》GB/T 51231—2016 第 5.7.6 条规定。

2.7.2　预制构件与主体结构之间的连接

2.7.2.1　质量目标

预制构件与预制构件、预制构件与主体结构之间的连接符合设计要求。

2.7.2.2　质量保证措施

多层装配式墙板结构纵横墙板交接处及楼层内相邻承重墙板之间可采用水平钢筋锚环灌浆连接（图 2-5），并应符合下列规定：

（1）应在交接处的预制墙板边缘设置构造边缘构件。

（2）竖向接缝处应设置后浇段，后浇段横截面面积不宜小于 0.01m^2，且截面边长不宜小于 80mm；后浇段应采用水泥基灌浆料灌实，水泥基灌浆料强度不应低于预制墙板混凝土强度等级。

（3）预制墙板侧边应预留水平钢筋锚环，锚环钢筋直径不应小于预制墙板水平分布筋直径，锚环间距不应大于预制墙板水平分布筋间距；同一竖向接缝左右两侧预制墙板预留水平钢筋锚环的竖向间距不宜大于 $4d$，且不应大于 50mm（d 为水平钢筋锚环的直径）；水平钢筋锚环在墙板内的锚固长度应满足现行国家标准《混凝土结构设计规范》GB 50010 的有关规定；竖向接缝内应配置截面面积不小于 200mm^2 的节点后插纵筋，且应插入墙板侧边的钢筋锚环内；上下层节点后插筋可不连接。

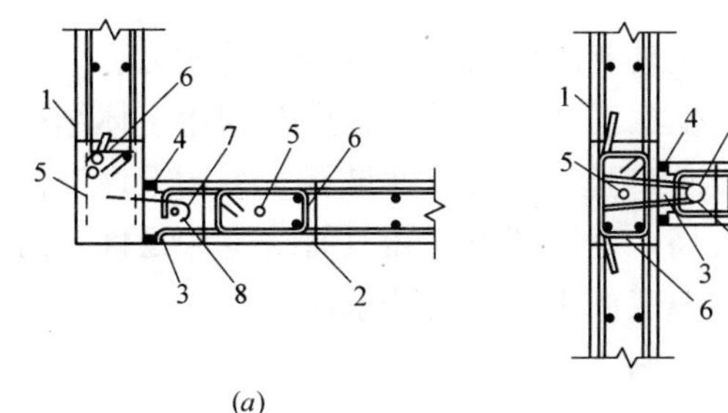

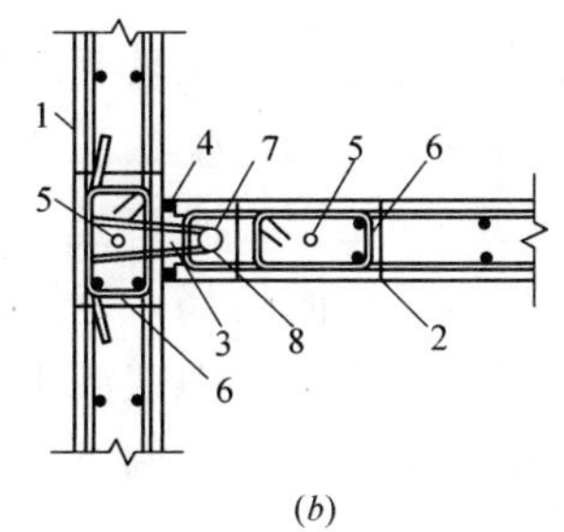

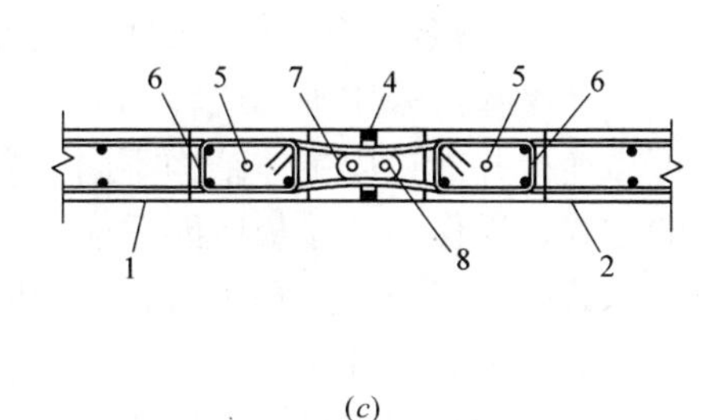

图 2-5 水平钢筋锚环灌浆连接构造示意

(a) L形节点构造示意；(b) T形节点构造示意；(c) 一字形节点构造示意

1—纵向预制墙体；2—横向预制墙体；3—后浇段；4—密封条；5—边缘构件纵向受力钢筋；

6—边缘构件箍筋；7—预留水平钢筋锚环；8—节点后插纵筋

注：本内容参照《装配式混凝土建筑技术标准》GB/T 51231—2016 第 5.8.6 条规定。

预制楼梯与支承构件之间宜采用简支连接。采用简支连接时，应符合下列规定：

(1) 预制楼梯宜一端设置固定铰，另一端设置滑动铰，其转动及滑动变形能力应满足结构层间位移的要求，且预制楼梯端部在支承构件上的最小搁置长度应符合表 2-18 的规定；

(2) 预制楼梯设置滑动铰的端部应采取防止滑落的构造措施。

预制楼梯在支承构件上的最小搁置长度 **表 2-18**

抗震设防烈度	6 度	7 度	8 度
最小搁置长度(mm)	75	75	100

注：本内容参照《装配式混凝土结构技术规程》JGJ 1—2014 第 6.5.8 条规定。

阳台板、空调板宜采用叠合构件或预制构件。预制构件应与主体结构可靠连接；叠合构件的负弯矩钢筋应在相邻叠合板的后浇混凝土中可靠锚固，叠合构件中预制板底钢筋的锚固应符合下列规定：

(1) 当板底为构造配筋时，其钢筋锚固应符合《装配式混凝土结构技术规程》JGJ 1—2014 第 6.6.4 条第 1 款的规定；

(2) 当板底为计算要求配筋时，钢筋应满足受拉钢筋的锚固要求。

注：本内容参照《装配式混凝土结构技术规程》JGJ 1—2014 第 6.6.10 条规定。

外墙板与主体结构的连接应符合下列规定：

(1) 连接节点在保证主体结构整体受力的前提下，应牢固可靠、受力明确、传力简捷、构造合理。

连接节点的设置不应使主体结构产生集中偏心受力，应使外墙板实现静定受力。

(2) 连接节点应具有足够的承载力。承载能力极限状态下，连接节点不应发生破坏；当单个连接节点失效时，外墙板不应掉落。

承载力极限状态下，连接节点最基本的要求是不发生破坏，这就要求连接节点处的承载力安全度储备应满足外墙板的使用要求。

（3）连接部位应采用柔性连接方式，连接节点应具有适应主体结构变形的能力。

外墙板可采用平动或转动的方式与主体结构产生相对变形。外墙板应与周边主体结构可靠连接并能适应主体结构不同方向的层间位移，必要时应做验证性试验。采用柔性连接的方式，以保证外墙板应能适应主体结构的层间位移，连接节点尚需具有一定的延性，避免承载能力极限状态和正常施工极限状态下应力集中或产生过大的约束应力。

（4）节点设计应便于工厂加工、现场安装就位和调整。

宜减少采用现场焊接形式和湿作业连接形式。

（5）连接件的耐久性应满足使用年限要求。

连接件除不锈钢及耐候钢外，其他钢材应进行表面热浸镀锌处理、富锌涂料处理或采取其他有效的防腐防锈措施。

注：本内容参照《装配式混凝土建筑技术标准》GB/T 51231—2016 第 6.1.8 条规定。

楼面梁不宜与预制剪力墙在剪力墙平面外单侧连接；当楼面梁与剪力墙在平面外单侧连接时，宜采用铰接。

注：本内容参照《装配式混凝土结构技术规程》JGJ 1—2014 第 8.3.9 条规定。

预制叠合连梁的预制部分宜与剪力墙整体预制，也可在跨中拼接或在端部与预制剪力墙拼接。

注：本内容参照《装配式混凝土结构技术规程》JGJ 1—2014 第 8.3.10 条规定。

连梁宜与剪力墙整体预制，也可在跨中拼接。预制剪力墙洞口上方的预制连梁可与后浇混凝土圈梁或水平后浇带形成叠合连梁；叠合连梁的配筋及构造要求应符合现行国家标准《混凝土结构设计规范》GB 50010 的有关规定。

注：本内容参照《装配式混凝土结构技术规程》JGJ 1—2014 第 9.3.6 条规定。

预制剪力墙与基础的连接应符合下列规定：

（1）基础顶面应设置现浇混凝土圈梁，圈梁上表面应设置粗糙面；

（2）预制剪力墙与圈梁顶面之间的接缝构造应符合《装配式混凝土结构技术规程》JGJ 1—2014 第 9.3.3 条的规定，连接钢筋应在基础中可靠锚固，且宜伸入基础底部；

（3）剪力墙后浇暗柱和竖向接缝内的纵向钢筋应在基础中可靠锚固，且宜伸入到基础底部。

注：本内容参照《装配式混凝土结构技术规程》JGJ 1—2014 第 9.3.7 条规定。

10.3.6 外挂墙板与主体结构采用点支承连接时，连接件的滑动孔尺寸，应根据穿孔螺栓的直径、层间位移值和施工误差等因素确定。

注：本内容参照《装配式混凝土结构技术规程》JGJ 1—2014 第 10.3.6 条规定。

2.8　后浇混凝土强度

《工程质量安全手册》第 3.5.8 条：

后浇筑混凝土强度符合设计要求。

实施细则：

2.8.1 混凝土强度要求

2.8.1.1 质量目标

装配式结构采用后浇混凝土连接时，构件连接处后浇混凝土的强度应符合设计要求。

检查数量：按批检验。

检验方法：应符合现行国家标准《混凝土强度检验评定标准》GB/T 50107 的有关规定。

装配整体式混凝土结构节点区的后浇混凝土质量控制非常重要，不但要求其与预制构件的结合面紧密结合，还要求其自身浇筑密实，更重要的是要控制混凝土强度指标。

当后浇混凝土和现浇结构采用相同强度等级混凝土浇筑时，此时可以采用现浇结构的混凝土试块强度进行评定；对有特殊要求的后浇混凝土应单独制作试块进行检验评定。

注：本内容参照《装配式混凝土建筑技术标准》GB/T 51231—2016 第 11.3.2 条规定。

2.8.1.2 质量保证措施

预制构件节点及接缝处后浇混凝土强度等级不应低于预制构件的混凝土强度等级；多层剪力墙结构中墙板水平接缝用坐浆材料的强度等级值应大于被连接构件的混凝土强度等级值。

注：本内容参照《装配式混凝土结构技术规程》JGJ 1—2014 第 6.1.12 条规定。

2.9 钢筋灌浆套筒

《工程质量安全手册》第 3.5.9 条：

钢筋灌浆套筒、灌浆套筒接头符合设计和规范要求。

实施细则：

2.9.1 钢筋灌浆套筒

2.9.1.1 质量目标

钢筋套筒灌浆连接接头采用的套筒应符合现行行业标准《钢筋连接用灌浆套筒》JG/T 398 的规定。

钢筋套筒灌浆连接接头的工作机理，是基于灌浆套筒内灌浆料有较高的抗压强度，同时自身还具有微膨胀特性，当它受到灌浆套筒的约束作用时，在灌浆料与灌浆套筒内侧筒壁间产生较大的正向应力，钢筋借此正向应力在其带肋的粗糙表面产生摩擦力，借以传递钢筋轴向应力。因此，灌浆套筒连接接头要求灌浆料有较高的抗压强度，灌浆套筒应具有较大的刚度和较小的变形能力。

注：本内容参照《装配式混凝土结构技术规程》JGJ 1—2014 第 4.2.1 条规定。

2.9.1.2　质量保证措施

（1）分类：

1）灌浆套筒按加工方式分为铸造灌浆套筒和机械加工灌浆套筒。

2）灌浆套筒按结构形式分为全灌浆套筒和半灌浆套筒，如图 2-6 所示。

3）半灌浆套筒按非灌浆一端连接方式分为直接滚轧直螺纹灌浆套筒、剥肋滚轧直螺纹灌浆套筒和镦粗直螺纹灌浆套筒。

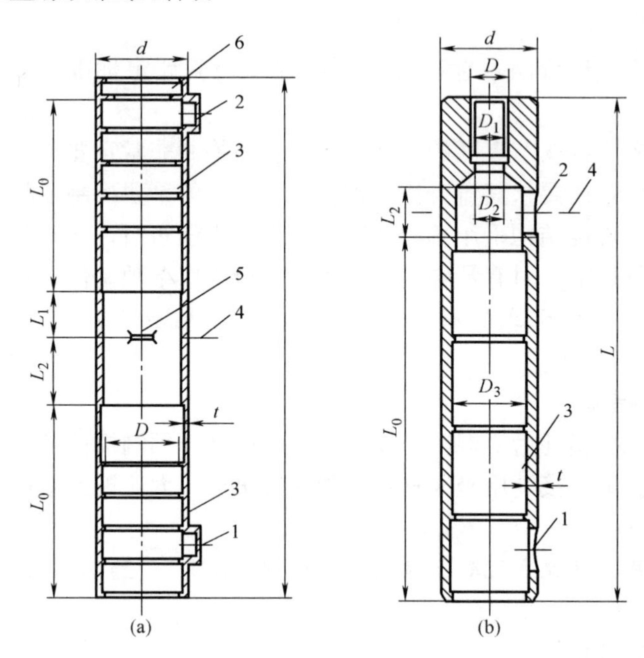

图 2-6　灌浆套筒示意图

（*a*）全灌浆套筒；（*b*）半灌浆套筒

说明：1—灌浆孔；2—排浆孔；3—剪力槽；4—强度验算用截面；

5——钢筋限位挡块；6—安装密封垫的结构。

尺寸：L—灌浆套筒总长；L_0—锚固长度；L_1—预制端预留钢筋安装调整长度；L_2—现场装配端预留钢筋安装调整长度；t—灌浆套筒壁厚；d—灌浆套筒外径；D—内螺纹的公称直径；D_1—内螺纹的基本小径；D_2—半灌浆套筒螺纹端与灌浆端连接处的通孔直径；D_3—灌浆套筒锚固段环形突起部分的内径。

注：D_3 不包括灌浆孔、排浆孔外侧因导向、定位等其他目的而设置的比锚固段环形突起内径偏小的尺寸。D_3 可以为非等截面。

注：本内容参照《钢筋连接用灌浆套筒》JG/T 398—2012 第 4.1 节规定。

（2）一般规定：

1）灌浆套筒生产应符合产品设计要求。

2）全灌浆套筒的中部、半灌浆套筒的排浆孔位置计入最大负公差后的屈服承载力和抗拉承载力的设计应符合 JGJ 107 的规定。

3）灌浆套筒长度应根据试验确定，且灌浆连接端长度不宜小于 8 倍钢筋直径，灌浆套筒中间轴向定位点两侧应预留钢筋安装调整长度，预制端不应小于 10mm，现场装配端不应小于 20mm。

4）剪力槽的数量应符合表 2-19 的规定；剪力槽两侧凸台轴向厚度不应小于 2mm。

剪力槽数量表 **表 2-19**

连接钢筋直径(mm)	12～20	22～32	36～40
剪力槽数量(个)	≥3	≥4	≥5

5）机械加工灌浆套筒的壁厚不应小于 3mm；铸造灌浆套筒的壁厚不应小于 4mm。

6）半灌浆套筒螺纹端与灌浆端连接处的通孔直径设计不宜过大，螺纹小径与通孔直径差不应小于 2mm，通孔的长度不应小于 3mm。

注：本内容参照《钢筋连接用灌浆套筒》JG/T 398—2012 第 5.1 节规定。

（3）铸造灌浆套筒宜选用球墨铸铁，机械加工灌浆套筒宜选用优质碳素结构钢、低合金高强度结构钢、合金结构钢或其他经过接头型式检验确定符合要求的钢材。

注：本内容参照《钢筋连接用灌浆套筒》JG/T 398—2012 第 5.2.1 条规定。

（4）采用球墨铸铁制造的灌浆套筒，材料应符合 GB/T 1348 的规定，其材料性能尚应符合表 2-20 的规定。

球墨铸铁灌浆套筒的材料性能 **表 2-20**

项　目	性能指标
抗拉强度 σ_b/(MPa)	≥550
断后伸长率 δ_5(%)	≥5
球化率(%)	≥85
硬度(HBW)	180～250

注：本内容参照《钢筋连接用灌浆套筒》JG/T 398—2012 第 5.2.2 条规定。

（5）采用优质碳素结构钢、低合金高强度结构钢、合金结构钢加工的灌浆套筒，其材料的机械性能应符合 GB/T 699、GB/T 1591、GB/T 3077 和 GB/T 8162 的规定，同时尚应符合表 2-21 的规定。

各类钢灌浆套筒的材料性能 **表 2-21**

项　目	性能指标
屈服强度 σ_s(MPa)	≥355
抗拉强度 σ_b(MPa)	≥600
断后伸长率 δ_5(%)	≥16

注：本内容参照《钢筋连接用灌浆套筒》JG/T 398—2012 第 5.2.3 条规定。

（6）尺寸偏差：灌浆套筒的尺寸偏差应符合表 2-22 的规定。

灌浆套筒尺寸偏差表 **表 2-22**

序号	项　目	灌浆套筒尺寸偏差					
		铸造灌浆套筒			机械加工灌浆套筒		
1	钢筋直径(mm)	12～20	22～32	36～40	12～20	22～32	36～40
2	外径允许偏差(mm)	±0.8	±1.0	±1.5	±0.6	±0.8	±0.8
3	壁厚允许偏差(mm)	±0.8	±1.0	±1.2	±0.5	±0.6	±0.8

续表

序号	项目	灌浆套筒尺寸偏差	
		铸造灌浆套筒	机械加工灌浆套筒
4	长度允许偏差(mm)	±(0.01×L)	±2.0
5	锚固段环形突起部分的内径允许偏差(mm)	±1.5	±1.0
6	锚固段环形突起部分的内径最小尺寸与钢筋公称直径差值(mm)	≥10	≥10
7	直螺纹精度	—	GB/T 197 中 6H 级

注：本内容参照《钢筋连接用灌浆套筒》JG/T 398—2012 第 5.3 节规定。

（7）外观：

1）铸造灌浆套筒内外表面不应有影响使用性能的夹渣、冷隔、砂眼、缩孔、裂纹等质量缺陷。

2）机械加工灌浆套筒表面不应有裂纹或影响接头性能的其他缺陷，端面和外表面的边棱处应无尖棱、毛刺。

3）灌浆套筒外表面标识应清晰。

4）灌浆套筒表面不应有锈皮。

注：本内容参照《钢筋连接用灌浆套筒》JG/T 398—2012 第 5.4 节规定。

（8）力学性能：灌浆套筒应与灌浆料匹配使用，采用灌浆套筒连接钢筋接头的抗拉强度应符合 JGJ 107 中Ⅰ级接头的规定。

注：本内容参照《钢筋连接用灌浆套筒》JG/T 398—2012 第 5.5 节规定。

2.9.2 灌浆套筒接头

2.9.2.1 质量目标

预制构件采用钢筋套筒灌浆连接时，在构件生产前应检查套筒型式检验报告是否合格，应进行钢筋套筒灌浆连接接头的抗拉强度试验，并应符合现行行业标准《钢筋套筒灌浆连接应用技术规程》JGJ 355 的有关规定。

检查数量：按同一工程、同一工艺的预制构件分批抽样检验。同一批号、同一类型、同一规格的灌浆套筒，不超过 1000 个为一批，每批随机抽取 3 个灌浆套筒制作对中连接接头试件。

检验方法：检查试验报告单、质量证明文件。

注：本内容参照《装配式混凝土建筑技术标准》GB/T 51231—2016 第 9.7.8 条规定。

2.9.2.2 质量保证措施

套筒灌浆连接接头应满足强度和变形性能要求。

注：本内容参照《钢筋套筒灌浆连接应用技术规程》JGJ 355—2015 第 3.2.1 条规定。

钢筋套筒灌浆连接接头的抗拉强度不应小于连接钢筋抗拉强度标准值，且破坏时应断于接头外钢筋。

注：本内容参照《钢筋套筒灌浆连接应用技术规程》JGJ 355—2015 第 3.2.2 条规定。

钢筋套筒灌浆连接接头的屈服强度不应小于连接钢筋屈服强度标准值。

注：本内容参照《钢筋套筒灌浆连接应用技术规程》JGJ 355—2015 第 3.2.3 条规定。

套筒灌浆连接接头应能经受规定的高应力和大变形反复拉压循环检验，且在经历拉压循环后，其抗拉强度仍应符合《钢筋套筒灌浆连接应用技术规程》JGJ 355—2015 第 3.2.2 条的规定。

注：本内容参照《钢筋套筒灌浆连接应用技术规程》JGJ 355—2015 第 3.2.4 条规定。

套筒灌浆连接接头单向拉伸、高应力反复拉压、大变形反复拉压试验加载过程中，当接头拉力达到连接钢筋抗拉荷载标准值的 1.15 倍而未发生破坏时，应判为抗拉强度合格，可停止试验。

注：本内容参照《钢筋套筒灌浆连接应用技术规程》JGJ 355—2015 第 3.2.5 条规定。

套筒灌浆连接接头的变形性能应符合表 2-23 的规定。当频遇荷载组合下，构件中钢筋应力高于钢筋屈服强度标准值 f_{yk} 的 0.6 倍时，设计单位可对单向拉伸残余变形的加载峰值 u_0 提出调整要求。

套筒灌浆连接接头的变形性能　　表 2-23

项目		变形性能要求
对中单向拉伸	残余变形(mm)	$u_0 \leqslant 0.10(d \leqslant 32)$ $u_0 \leqslant 0.14(d > 32)$
	最大力下总伸长率(%)	$A_{sgt} \geqslant 6.0$
高应力反复拉压	残余变形(mm)	$u_{20} \leqslant 0.3$
大变形反复拉压	残余变形(mm)	$u_4 \leqslant 0.3$ 且 $u_8 \leqslant 0.6$

注：u_0—接头试件加载至 $0.6f_{yk}$ 并卸载后在规定标距内的残余变形；A_{sgt}—接头试件的最大力下总伸长率；u_{20}—接头试件按规定加载制度经高应力反复拉压 20 次后的残余变形；u_4—接头试件按规定加载制度经大变形反复拉压 4 次后的残余变形；u_8—接头试件按规定加载制度经大变形反复拉压 8 次后的残余变形。

注：本内容参照《钢筋套筒灌浆连接应用技术规程》JGJ 355—2015 第 3.2.6 条规定。

2.10 钢筋连接套筒

《工程质量安全手册》第 3.5.10 条：

钢筋连接套筒、浆锚搭接的灌浆应饱满。

实施细则：

2.10.1 钢筋连接套筒灌浆

2.10.1.1 质量目标

钢筋采用套筒灌浆连接、浆锚搭接连接时，灌浆应饱满、密实，所有出口均应出浆。

检查数量：全数检查。

检验方法：检查灌浆施工质量检查记录、有关检验报告。

注：本内容参照《装配式混凝土建筑技术标准》GB/T 51231—2016 第 11.3.3 条规定。

2.10.1.2 质量保证措施

钢筋套筒灌浆前，应在现场模拟构件连接接头的灌浆方式，每种规格钢筋应制作不少于 3 个套筒灌浆连接接头，进行灌注质量以及接头抗拉强度的检验；经检验合格后，方可进行灌浆作业。

注：本内容参照《装配式混凝土结构技术规程》JGJ 1—2014 第 12.1.5 条规定。

钢筋套筒灌浆连接接头应按检验批划分要求及时灌浆，灌浆作业应符合现行行业标准《钢筋套筒灌浆连接应用技术规程》JGJ 355 的有关规定。

注：本内容参照《装配式混凝土建筑技术标准》GB/T 51231—2016 第 10.4.3 条规定。

钢筋套筒灌浆连接接头、钢筋浆锚搭接连接接头应按检验批划分要求及时灌浆，灌浆作业应符合国家现行有关标准及施工方案的要求，并应符合下列规定：

（1）灌浆施工时，环境温度不应低于 5℃；当连接部位养护温度低于 10℃时，应采取加热保温措施；

（2）灌浆操作全过程应有专职检验人员负责旁站监督并及时形成施工质量检查记录；

（3）应按产品使用说明书的要求计量灌浆料和水的用量，并搅拌均匀；每次拌制的灌浆料拌合物应进行流动度的检测，且其流动度应满足本规程的规定；

（4）灌浆作业应采用压浆法从下口灌注，当浆料从上口流出后应及时封堵，必要时可设分仓进行灌浆；

（5）灌浆料拌合物应在制备后 30min 内用完。

注：本内容参照《装配式混凝土结构技术规程》JGJ 1—2014 第 12.3.4 条规定。

钢筋套筒灌浆连接及浆锚搭接连接用的灌浆料强度应符合国家现行有关标准的规定及设计要求。

检查数量：按批检验，以每层为一检验批；每工作班应制作 1 组且每层不应少于 3 组 40mm×40mm×160mm 的长方体试件，标准养护 28d 后进行抗压强度试验。

检验方法：检查灌浆料强度试验报告及评定记录。

注：本内容参照《装配式混凝土建筑技术标准》GB/T 51231—2016 第 11.3.4 条规定。

灌浆料性能及试验方法应符合现行行业标准《钢筋连接用套筒灌浆料》JG/T 408 的有关规定，并应符合下列规定：

（1）灌浆料抗压强度应符合表 2-24 的要求，且不应低于接头设计要求的灌浆料抗压强度；灌浆料抗压强度试件尺寸应按 40mm×40mm×160mm 尺寸制作，其加水量应按灌浆料产品说明书确定，试件应按标准方法制作、养护；

（2）灌浆料竖向膨胀率应符合表 2-25 的要求；

（3）灌浆料拌合物的工作性能应符合表 2-26 的要求，泌水率试验方法应符合现行国家标准《普通混凝土拌合物性能试验方法标准》GB/T 50080 的规定。

灌浆料抗压强度要求　　表 2-24

时间(龄期)	抗压强度(N/mm^2)
1d	≥35
3d	≥60
28d	≥85

灌浆料竖向膨胀率要求　　表 2-25

项目	竖向膨胀率(%)
3h	≥0.02
24h与3h差值	0.02～0.50

灌浆料拌合物的工作性能要求　　表 2-26

项　目		工作性能要求
流动度(mm)	初始	≥300
	30min	≥260
泌水率(%)		0

注：本内容参照《装配式混凝土结构技术规程》JGJ 1—2014 第 3.1.3 条规定。

灌浆施工方式及构件安装应符合下列规定：

(1) 钢筋水平连接时，灌浆套筒应各自独立灌浆；

(2) 竖向构件宜采用连通腔灌浆，并应合理划分连通灌浆区域；每个区域除预留灌浆孔、出浆孔与排气孔外，应形成密闭空腔，不应漏浆；连通灌浆区域内任意两个灌浆套筒间距离不宜超过 1.5m；

(3) 竖向预制构件不采用连通腔灌浆方式时，构件就位前应设置坐浆层。

注：本内容参照《钢筋套筒灌浆连接应用技术规程》JGJ 355—2015 第 6.3.5 条规定。

灌浆施工应按施工方案执行，并应符合下列规定：

(1) 灌浆操作全过程应有专职检验人员负责现场监督并及时形成施工检查记录；

(2) 灌浆施工时，环境温度应符合灌浆料产品使用说明书要求；环境温度低于 5℃时不宜施工，低于 0℃时不得施工；当环境温度高于 30℃时，应采取降低灌浆料拌合物温度的措施；

(3) 对竖向钢筋套筒灌浆连接，灌浆作业应采用压浆法从灌浆套筒下灌浆孔注入，当灌浆料拌合物从构件其他灌浆孔、出浆孔流出后应及时封堵；

(4) 竖向钢筋套筒灌浆连接采用连通腔灌浆时，宜采用一点灌浆的方式；当一点灌浆遇到问题而需要改变灌浆点时，各灌浆套筒已封堵灌浆孔、出浆孔应重新打开，待灌浆料拌合物再次流出后进行封堵；

(5) 对水平钢筋套筒灌浆连接，灌浆作业应采用压浆法从灌浆套筒灌浆孔注入，当灌浆套筒灌浆孔、出浆孔的连接管或连接头处的灌浆料拌合物均高于灌浆套筒外表面最高点时应停止灌浆，并及时封堵灌浆孔、出浆孔；

(6) 灌浆料宜在加水后 30min 内用完；

（7）散落的灌浆料拌合物不得二次使用；剩余的拌合物不得再次添加灌浆料、水后混合使用。

注：本内容参照《钢筋套筒灌浆连接应用技术规程》JGJ 355—2015 第 6.3.9 条规定。

当灌浆施工出现无法出浆的情况时，应查明原因，采取的施工措施应符合下列规定：

（1）对于未密实饱满的竖向连接灌浆套筒，当在灌浆料加水拌合 30min 内时，应首选在灌浆孔补灌；当灌浆料拌合物已无法流动时，可从出浆孔补灌，并应采用手动设备结合细管压力灌浆；

（2）水平钢筋连接灌浆施工停止后 30s，当发现灌浆料拌合物下降，应检查灌浆套筒的密封或灌浆料拌合物排气情况，并及时补灌或采取其他措施；

（3）补灌应在灌浆料拌合物达到设计规定的位置后停止，并应在灌浆料凝固后再次检查其位置符合设计要求。

注：本内容参照《钢筋套筒灌浆连接应用技术规程》JGJ 355—2015 第 6.3.10 条规定。

灌浆料同条件养护试件抗压强度达到 35N/mm² 后，方可进行对接头有扰动的后续施工；临时固定措施的拆除应在灌浆料抗压强度能确保结构达到后续施工承载要求后进行。

注：本内容参照《钢筋套筒灌浆连接应用技术规程》JGJ 355—2015 第 6.3.11 条规定。

2.10.2　浆锚搭接灌浆

2.10.2.1　质量目标

钢筋采用套筒灌浆连接、浆锚搭接连接时，灌浆应饱满、密实，所有出口均应出浆。

检查数量：全数检查。

检验方法：检查灌浆施工质量检查记录、有关检验报告。

注：本内容参照《装配式混凝土建筑技术标准》GB/T 51231—2016 第 11.3.3 条规定。

2.10.2.2　质量保证措施

钢筋浆锚搭接连接接头应采用水泥基灌浆料，灌浆料的性能应满足表 2-27 的要求。

钢筋浆锚搭接连接接头用灌浆料性能要求　　**表 2-27**

项　目		性能指标	试验方法标准
泌水率(%)		0	《普通混凝土拌合物性能试验方法标准》GB/T 50080
流动度(mm)	初始值	≥200	《水泥基灌浆材料应用技术规范》GB/T 50448
	30min 保留值	≥150	
竖向膨胀率(%)	3h	≥0.02	《水泥基灌浆材料应用技术规范》GB/T 50448
	24h 与 3h 的膨胀率之差	0.02～0.5	
抗压强度(MPa)	1d	≥35	《水泥基灌浆材料应用技术规范》GB/T 50448
	3d	≥55	
	28d	≥80	
氯离子含量(%)		≤0.06	《混凝土外加剂匀质性试验方法》GB/T 8077

注：本内容参照《装配式混凝土结构技术规程》JGJ 1—2014 第 4.2.3 条规定。

钢筋套筒灌浆连接及浆锚搭接连接用的灌浆料强度应符合国家现行有关标准的规定及设计要求。

检查数量：按批检验，以每层为一检验批；每工作班应制作 1 组且每层不应少于 3 组 40mm×40mm×160mm 的长方体试件，标准养护 28d 后进行抗压强度试验。

检验方法：检查灌浆料强度试验报告及评定记录。

注：本内容参照《装配式混凝土建筑技术标准》GB/T 51231—2016 第 11.3.4 条规定。

2.11 预制构件连接处防水

《工程质量安全手册》第 3.5.11 条：

预制构件连接接缝处防水做法符合设计要求。

实施细则：

2.11.1 外墙板接缝防水

2.11.1.1 质量目标

外墙板接缝的防水性能应符合设计要求。

检验数量：按批检验。每 1000m² 外墙（含窗）面积应划分为一个检验批，不足 1000m² 时也应划分为一个检验批；每个检验批应至少抽查一处，抽查部位应为相邻两层 4 块墙板形成的水平和竖向十字接缝区域，面积不得少于 10m²。

检验方法：检查现场淋水试验报告。

装配式混凝土结构的接缝防水施工是非常关键的质量检验内容，是保证装配式外墙防水性能的关键，施工时应按设计要求进行选材和施工，并采取严格的检验验证措施。考虑到此项验收内容与结构施工密切相关，应按设计及有关防水施工要求进行验收。

外墙板接缝的现场淋水试验应在精装修进场前完成，并应满足下列要求：淋水量应控制在 3L/(m²·min) 以上，持续淋水时间为 24h。某处淋水试验结束后，若背水面存在渗漏现象，应对该检验批的全部外墙板接缝进行淋水试验，并对所有渗漏点进行整改处理，并在整改完成后重新对渗漏的部位进行淋水试验，直至不再出现渗漏点为止。

注：本内容参照《装配式混凝土建筑技术标准》GB/T 51231—2016 第 11.3.11 条规定。

2.11.1.2 质量保证措施

外墙板接缝防水施工应符合下列规定：

（1）防水施工前，应将板缝空腔清理干净；

（2）应按设计要求填塞背衬材料；

（3）密封材料嵌填应饱满、密实、均匀、顺直、表面平滑，其厚度应满足设计要求。

注：本内容参照《装配式混凝土建筑技术标准》GB/T 51231—2016 第 10.4.11 条规定。

预制外墙板的接缝及门窗洞口等防水薄弱部位宜采用材料防水和构造防水相结合的做法，并应符合下列规定：

（1）墙板水平接缝宜采用高低缝或企口缝构造；

（2）墙板竖缝可采用平口或槽口构造；

（3）当板缝空腔需设置导水管排水时，板缝内侧应增设气密条密封构造。

注：本内容参照《装配式混凝土结构技术规程》JGJ 1—2014 第 5.3.4 条规定。

2.12 预制构件安装偏差

《工程质量安全手册》第 3.5.12 条：

预制构件的安装尺寸偏差符合设计和规范要求。

实施细则：

2.12.1 预制柱安装

2.12.1.1 质量目标

装配式混凝土结构的尺寸偏差及检验方法应符合表 2-28 的规定。

预制构件安装尺寸的允许偏差及检验方法　　表 2-28

<table>
<tr><th colspan="3">项　目</th><th>允许偏差（mm）</th><th>检验方法</th></tr>
<tr><td rowspan="3">构件中心线对轴线位置</td><td colspan="2">基础</td><td>15</td><td rowspan="3">经纬仪及尺量</td></tr>
<tr><td colspan="2">竖向构件(柱、墙、桁架)</td><td>8</td></tr>
<tr><td colspan="2">水平构件(梁、板)</td><td>5</td></tr>
<tr><td>构件标高</td><td colspan="2">梁、柱、墙、板底面或顶面</td><td>±5</td><td>水准仪或拉线、尺量</td></tr>
<tr><td rowspan="2">构件垂直度</td><td rowspan="2">柱、墙</td><td>≤6m</td><td>5</td><td rowspan="2">经纬仪或吊线、尺量</td></tr>
<tr><td>>6m</td><td>10</td></tr>
<tr><td>构件倾斜度</td><td colspan="2">梁、桁架</td><td>5</td><td>经纬仪或吊线、尺量</td></tr>
<tr><td rowspan="5">相邻构件平整度</td><td colspan="2">板端面</td><td>5</td><td rowspan="5">2m 靠尺和塞尺量测</td></tr>
<tr><td rowspan="2">梁、板底面</td><td>外露</td><td>3</td></tr>
<tr><td>不外露</td><td>5</td></tr>
<tr><td rowspan="2">柱墙侧面</td><td>外露</td><td>5</td></tr>
<tr><td>不外露</td><td>8</td></tr>
<tr><td>构件搁置长度</td><td colspan="2">梁、板</td><td>±10</td><td>尺量</td></tr>
<tr><td>支座、支垫中心位置</td><td colspan="2">板、梁、柱、墙、桁架</td><td>10</td><td>尺量</td></tr>
<tr><td>墙板接缝</td><td colspan="2">宽度</td><td>±5</td><td>尺量</td></tr>
</table>

注：本内容参照《装配式混凝土建筑技术标准》GB/T 51231—2016 第 10.4.12 条规定。

2.12.1.2 质量保障措施

预制柱安装应符合下列规定：

（1）宜按照角柱、边柱、中柱顺序进行安装，与现浇部分连接的柱宜先行吊装；

（2）预制柱的就位以轴线和外轮廓线为控制线，对于边柱和角柱，应以外轮廓线控制为准；

（3）就位前应设置柱底调平装置，控制柱安装标高；

（4）预制柱安装就位后应在两个方向设置可调节临时固定措施，并应进行垂直度、扭转调整；

（5）采用灌浆套筒连接的预制柱调整就位后，柱脚连接部位宜采用模板封堵。

注：本内容参照《装配式混凝土建筑技术标准》GB/T 51231—2016 第 10.3.6 条规定。

2.12.2 预制剪力墙板安装

2.12.2.1 质量目标

装配式混凝土结构的尺寸偏差及检验方法应符合表 2-29 的规定。

预制构件安装尺寸的允许偏差及检验方法 **表 2-29**

项　　目			允许偏差（mm）	检验方法
构件中心线对轴线位置	基础		15	经纬仪及尺量
	竖向构件(柱、墙、桁架)		8	
	水平构件(梁、板)		5	
构件标高	梁、柱、墙、板底面或顶面		±5	水准仪或拉线、尺量
构件垂直度	柱、墙	≤6m	5	经纬仪或吊线、尺量
		>6m	10	
构件倾斜度	梁、桁架		5	经纬仪或吊线、尺量
相邻构件平整度	板端面		5	2m 靠尺和塞尺量测
	梁、板底面	外露	3	
		不外露	5	
	柱墙侧面	外露	5	
		不外露	8	
构件搁置长度	梁、板		±10	尺量
支座、支垫中心位置	板、梁、柱、墙、桁架		10	尺量
墙板接缝	宽度		±5	尺量

注：本内容参照《装配式混凝土建筑技术标准》GB/T 51231—2016 第 10.4.12 条规定。

2.12.2.2 质量保障措施

预制剪力墙板安装应符合下列规定：

（1）与现浇部分连接的墙板宜先行吊装，其他宜按照外墙先行吊装的原则进行吊装；

（2）就位前，应在墙板底部设置调平装置；

（3）采用灌浆套筒连接、浆锚搭接连接的夹芯保温外墙板应在保温材料部位采用弹性密封材料进行封堵；

（4）采用灌浆套筒连接、浆锚搭接连接的墙板需要分仓灌浆时，应采用坐浆料进行分仓；多层剪力墙采用坐浆时应均匀铺设座浆料；座浆料强度应满足设计要求；

（5）墙板以轴线和轮廓线为控制线，外墙应以轴线和外轮廓线双控制；

（6）安装就位后应设置可调斜撑临时固定，测量预制墙板的水平位置、垂直度、高度等，通过墙底垫片、临时斜支撑进行调整；

（7）预制墙板调整就位后，墙底部连接部位宜采用模板封堵；

（8）叠合墙板安装就位后进行叠合墙板拼缝处附加钢筋安装，附加钢筋应与现浇段钢筋网交叉点全部绑扎牢固。

注：本内容参照《装配式混凝土建筑技术标准》GB/T 51231—2016 第 10.3.7 条规定。

2.12.3 预制梁或叠合梁安装

2.12.3.1 质量目标

装配式混凝土结构的尺寸偏差及检验方法应符合表 2-30 的规定。

预制构件安装尺寸的允许偏差及检验方法　　表 2-30

项目			允许偏差(mm)	检验方法
构件中心线对轴线位置	基础		15	经纬仪及尺量
	竖向构件(柱、墙、桁架)		8	
	水平构件(梁、板)		5	
构件标高	梁、柱、墙、板底面或顶面		±5	水准仪或拉线、尺量
构件垂直度	柱、墙	≤6m	5	经纬仪或吊线、尺量
		＞6m	10	
构件倾斜度	梁、桁架		5	经纬仪或吊线、尺量
相邻构件平整度	板端面		5	2m 靠尺和塞尺量测
	梁、板底面	外露	3	
		不外露	5	
	柱墙侧面	外露	5	
		不外露	8	
构件搁置长度	梁、板		±10	尺量
支座、支垫中心位置	板、梁、柱、墙、桁架		10	尺量
墙板接缝	宽度		±5	尺量

注：本内容参照《装配式混凝土建筑技术标准》GB/T 51231—2016 第 10.4.12 条规定。

2.12.3.2 质量保障措施

预制梁或叠合梁安装应符合下列规定：

(1) 安装顺序宜遵循先主梁后次梁、先低后高的原则；

(2) 安装前，应测量并修正临时支撑标高，确保与梁底标高一致，并在柱上弹出梁边控制线；安装后根据控制线进行精密调整；

(3) 安装前，应复核柱钢筋与梁钢筋位置、尺寸，对梁钢筋与柱钢筋位置有冲突的，应按经设计单位确认的技术方案调整；

(4) 安装时梁伸入支座的长度与搁置长度应符合设计要求；

(5) 安装就位后应对水平度、安装位置、标高进行检查；

(6) 叠合梁的临时支撑，应在后浇混凝土强度达到设计要求后方可拆除。

注：本内容参照《装配式混凝土建筑技术标准》GB/T 51231—2016 第 10.3.8 条规定。

2.12.4 叠合板预制底板安装

2.12.4.1 质量目标

装配式混凝土结构的尺寸偏差及检验方法应符合表 2-31 的规定。

预制构件安装尺寸的允许偏差及检验方法　　表 2-31

<table>
<tr><th colspan="3">项　目</th><th>允许偏差
(mm)</th><th>检验方法</th></tr>
<tr><td rowspan="3">构件中心线对轴线位置</td><td colspan="2">基础</td><td>15</td><td rowspan="3">经纬仪及尺量</td></tr>
<tr><td colspan="2">竖向构件(柱、墙、桁架)</td><td>8</td></tr>
<tr><td colspan="2">水平构件(梁、板)</td><td>5</td></tr>
<tr><td>构件标高</td><td colspan="2">梁、柱、墙、板底面或顶面</td><td>±5</td><td>水准仪或拉线、尺量</td></tr>
<tr><td rowspan="2">构件垂直度</td><td rowspan="2">柱、墙</td><td>≤6m</td><td>5</td><td rowspan="2">经纬仪或吊线、尺量</td></tr>
<tr><td>>6m</td><td>10</td></tr>
<tr><td>构件倾斜度</td><td colspan="2">梁、桁架</td><td>5</td><td>经纬仪或吊线、尺量</td></tr>
<tr><td rowspan="5">相邻构件平整度</td><td colspan="2">板端面</td><td>5</td><td rowspan="5">2m 靠尺和塞尺量测</td></tr>
<tr><td rowspan="2">梁、板底面</td><td>外露</td><td>3</td></tr>
<tr><td>不外露</td><td>5</td></tr>
<tr><td rowspan="2">柱墙侧面</td><td>外露</td><td>5</td></tr>
<tr><td>不外露</td><td>8</td></tr>
<tr><td>构件搁置长度</td><td colspan="2">梁、板</td><td>±10</td><td>尺量</td></tr>
<tr><td>支座、支垫中心位置</td><td colspan="2">板、梁、柱、墙、桁架</td><td>10</td><td>尺量</td></tr>
<tr><td>墙板接缝</td><td colspan="2">宽度</td><td>±5</td><td>尺量</td></tr>
</table>

注：本内容参照《装配式混凝土建筑技术标准》GB/T 51231—2016 第 10.4.12 条规定。

2.12.4.2 质量保障措施

叠合板预制底板安装应符合下列规定：

（1）预制底板吊装完后应对板底接缝高差进行校核；当叠合板板底接缝高差不满足设计要求时，应将构件重新起吊，通过可调托座进行调节；

（2）预制底板的接缝宽度应满足设计要求；

（3）临时支撑应在后浇混凝土强度达到设计要求后方可拆除。

注：本内容参照《装配式混凝土建筑技术标准》GB/T 51231—2016 第 10.3.9 条规定。

2.12.5　预制楼梯安装

2.12.5.1　质量目标

装配式混凝土结构的尺寸偏差及检验方法应符合表 2-32 的规定。

预制构件安装尺寸的允许偏差及检验方法　　表 2-32

项目			允许偏差（mm）	检验方法
构件中心线对轴线位置	基础		15	经纬仪及尺量
	竖向构件（柱、墙、桁架）		8	
	水平构件（梁、板）		5	
构件标高	梁、柱、墙、板底面或顶面		±5	水准仪或拉线、尺量
构件垂直度	柱、墙	≤6m	5	经纬仪或吊线、尺量
		>6m	10	
构件倾斜度	梁、桁架		5	经纬仪或吊线、尺量
相邻构件平整度	板端面		5	2m 靠尺和塞尺量测
	梁、板底面	外露	3	
		不外露	5	
	柱墙侧面	外露	5	
		不外露	8	
构件搁置长度	梁、板		±10	尺量
支座、支垫中心位置	板、梁、柱、墙、桁架		10	尺量
墙板接缝	宽度		±5	尺量

注：本内容参照《装配式混凝土建筑技术标准》GB/T 51231—2016 第 10.4.12 条规定。

2.12.5.2　质量保障措施

预制楼梯安装应符合下列规定：

（1）安装前，应检查楼梯构件平面定位及标高，并宜设置调平装置；

（2）就位后，应及时调整并固定。

注：本内容参照《装配式混凝土建筑技术标准》GB/T 51231—2016 第 10.3.10 条规定。

2.12.6 预制阳台板、空调板安装

2.12.6.1 质量目标

装配式混凝土结构的尺寸偏差及检验方法应符合表 2-33 的规定。

预制构件安装尺寸的允许偏差及检验方法 表 2-33

<table>
<tr><th colspan="3">项　目</th><th>允许偏差
(mm)</th><th>检验方法</th></tr>
<tr><td rowspan="3">构件中心线对轴线位置</td><td colspan="2">基础</td><td>15</td><td rowspan="3">经纬仪及尺量</td></tr>
<tr><td colspan="2">竖向构件(柱、墙、桁架)</td><td>8</td></tr>
<tr><td colspan="2">水平构件(梁、板)</td><td>5</td></tr>
<tr><td>构件标高</td><td colspan="2">梁、柱、墙、板底面或顶面</td><td>±5</td><td>水准仪或拉线、尺量</td></tr>
<tr><td rowspan="2">构件垂直度</td><td rowspan="2">柱、墙</td><td>≤6m</td><td>5</td><td rowspan="2">经纬仪或吊线、尺量</td></tr>
<tr><td>>6m</td><td>10</td></tr>
<tr><td>构件倾斜度</td><td colspan="2">梁、桁架</td><td>5</td><td>经纬仪或吊线、尺量</td></tr>
<tr><td rowspan="5">相邻构件平整度</td><td colspan="2">板端面</td><td>5</td><td rowspan="5">2m 靠尺和塞尺量测</td></tr>
<tr><td rowspan="2">梁、板底面</td><td>外露</td><td>3</td></tr>
<tr><td>不外露</td><td>5</td></tr>
<tr><td rowspan="2">柱墙侧面</td><td>外露</td><td>5</td></tr>
<tr><td>不外露</td><td>8</td></tr>
<tr><td>构件搁置长度</td><td colspan="2">梁、板</td><td>±10</td><td>尺量</td></tr>
<tr><td>支座、支垫中心位置</td><td colspan="2">板、梁、柱、墙、桁架</td><td>10</td><td>尺量</td></tr>
<tr><td>墙板接缝</td><td colspan="2">宽度</td><td>±5</td><td>尺量</td></tr>
</table>

注：本内容参照《装配式混凝土建筑技术标准》GB/T 51231—2016 第 10.4.12 条规定。

2.12.6.2 质量保障措施

预制阳台板、空调板安装应符合下列规定：

(1) 安装前，应检查支座顶面标高及支撑面的平整度；

(2) 临时支撑应在后浇混凝土强度达到设计要求后方可拆除。

注：本内容参照《装配式混凝土建筑技术标准》GB/T 51231—2016 第 10.3.11 条规定。

2.13 后浇混凝土的外观质量和尺寸偏差

《质量安全手册》第 3.5.13 条：

后浇混凝土的外观质量和尺寸偏差符合设计和规范要求。

实施细则：

2.13.1 外观质量

2.13.1.1 质量目标

装配式结构施工后，其外观质量不应有严重缺陷，且不应有影响结构性能和安装、使

用功能的尺寸偏差。

检查数量：全数检查。

检验方法：观察，量测；检查处理记录。

注：本内容参照《混凝土结构工程施工质量验收规范》GB 50204—2015 第 9.3.7 条规定。

装配式结构施工后，其外观质量不应有一般缺陷。

检查数量：全数检查。

检验方法：观察，检查处理记录。

注：本内容参照《混凝土结构工程施工质量验收规范》GB 50204—2015 第 9.3.8 条规定。

2.13.1.2 质量保证措施

混凝土结构缺陷可分为尺寸偏差缺陷和外观缺陷。尺寸偏差缺陷和外观缺陷可分为一般缺陷和严重缺陷。混凝土结构尺寸偏差超出规范规定，但尺寸偏差对结构性能和使用功能未构成影响时，应属于一般缺陷；而尺寸偏差对结构性能和使用功能构成影响时，应属于严重缺陷。外观缺陷分类应符合表 2-34 的规定。

混凝土结构外观缺陷分类　表 2-34

名称	现　象	严重缺陷	一般缺陷
露筋	构件内钢筋未被混凝土包裹而外露	纵向受力钢筋有露筋	其他钢筋有少量露筋
蜂窝	混凝土表面缺少水泥砂浆而形成石子外露	构件主要受力部位有蜂窝	其他部位有少量蜂窝
孔洞	混凝土中孔穴深度和长度均超过保护层厚度	构件主要受力部位有孔洞	其他部位有少量孔洞
夹渣	混凝土中夹有杂物且深度超过保护层厚度	构件主要受力部位有夹渣	其他部位有少量夹渣
疏松	混凝土中局部不密实	构件主要受力部位有疏松	其他部位有少量疏松
裂缝	缝隙从混凝土表面延伸至混凝土内部	构件主要受力部位有影响结构性能或使用功能的裂缝	其他部位有少量不影响结构性能或使用功能的裂缝
连接部位缺陷	构件连接处混凝土有缺陷及连接钢筋、连接件松动	连接部位有影响结构传力性能的缺陷	连接部位有基本不影响结构传力性能的缺陷
外形缺陷	缺棱掉角、棱角不直、翘曲不平、飞边凸肋等	清水混凝土构件有影响使用功能或装饰效果的外形缺陷	其他混凝土构件有不影响使用功能的外形缺陷
外形缺陷	构件表面麻面、掉皮、起砂、沾污等	具有重要装饰效果的清水混凝土构件有外表缺陷	其他混凝土构件有不影响使用功能的外表缺陷

注：本内容参照《混凝土结构工程施工规范》GB 50666—2011 第 8.9.1 条规定。

施工过程中发现混凝土结构缺陷时，应认真分析缺陷产生的原因。对严重缺陷施工单位应制定专项修整方案，方案应经论证审批后再实施，不得擅自处理。

注：本内容参照《混凝土结构工程施工规范》GB 50666—2011 第 8.9.2 条规定。

混凝土结构外观一般缺陷修整应符合下列规定：

(1) 露筋、蜂窝、孔洞、夹渣、疏松、外表缺陷，应凿除胶结不牢固部分的混凝土，应清理表面，洒水湿润后应用 1∶2～1∶2.5 水泥砂浆抹平；

(2) 应封闭裂缝；

（3）连接部位缺陷、外形缺陷可与面层装饰施工一并处理。

注：本内容参照《混凝土结构工程施工规范》GB 50666—2011 第 8.9.3 条规定。

混凝土结构外观严重缺陷修整应符合下列规定：

（1）露筋、蜂窝、孔洞、夹渣、疏松、外表缺陷，应凿除胶结不牢固部分的混凝土至密实部位，清理表面，支设模板，洒水湿润，涂抹混凝土界面剂，应采用比原混凝土强度等级高一级的细石混凝土浇筑密实，养护时间不应少于 7d。

（2）开裂缺陷修整应符合下列规定：

1）民用建筑的地下室、卫生间、屋面等接触水介质的构件，均应注浆封闭处理。民用建筑不接触水介质的构件，可采用注浆封闭、聚合物砂浆粉刷或其他表面封闭材料进行封闭。

2）无腐蚀介质工业建筑的地下室、屋面、卫生间等接触水介质的构件，以及有腐蚀介质的所有构件，均应注浆封闭处理。无腐蚀介质工业建筑不接触水介质的构件，可采用注浆封闭、聚合物砂浆粉刷或其他表面封闭材料进行封闭。

（3）清水混凝土的外形和外表严重缺陷，宜在水泥砂浆或细石混凝土修补后用磨光机械磨平。

注：本内容参照《混凝土结构工程施工规范》GB 50666—2011 第 8.9.4 条规定。

后浇混凝土的施工应符合下列规定：

（1）预制构件结合面疏松部分的混凝土应剔除并清理干净；

（2）模板应保证后浇混凝土部分形状、尺寸和位置准确，并应防止漏浆；

（3）在浇筑混凝土前应洒水润湿结合面，混凝土应振捣密实；

（4）同一配合比的混凝土，每工作班且建筑面积不超过 $1000m^2$ 应制作一组标准养护试件，同一楼层应制作不少于 3 组标准养护试件。

注：本内容参照《装配式混凝土结构技术规程》JGJ 1—2014 第 12.3.7 条规定。

装配式混凝土结构后浇混凝土部分的模板与支架应符合下列规定：

（1）装配式混凝土结构宜采用工具式支架和定型模板；

（2）模板应保证后浇混凝土部分形状、尺寸和位置准确；

（3）模板与预制构件接缝处应采取防止漏浆的措施，可粘贴密封条。

注：本内容参照《装配式混凝土建筑技术标准》GB/T 51231—2016 第 10.4.7 条规定。

构件连接部位后浇混凝土及灌浆料的强度达到设计要求后，方可拆除临时支撑系统。拆模时的混凝土强度应符合现行国家标准《混凝土结构工程施工规范》GB 50666 的有关规定和设计要求。

注：本内容参照《装配式混凝土建筑技术标准》GB/T 51231—2016 第 10.4.10 条规定。

2.13.2 尺寸偏差

2.13.2.1 质量目标

混凝土结构缺陷可分为尺寸偏差缺陷和外观缺陷。尺寸偏差缺陷和外观缺陷可分为一般缺陷和严重缺陷。混凝土结构尺寸偏差超出规范规定，但尺寸偏差对结构性能和使用功能未构成影响时，应属于一般缺陷；而尺寸偏差对结构性能和使用功能构成影响时，应属于严重缺陷。

注：本内容参照《混凝土结构工程施工规范》GB 50666—2011 第 8.9.1 条规定。

2.13.2.2 质量保障措施

混凝土结构尺寸偏差一般缺陷，可结合装饰工程进行修整。

注：本内容参照《混凝土结构工程施工规范》GB 50666—2011 第 8.9.5 条规定。

混凝土结构尺寸偏差严重缺陷，应会同设计单位共同制定专项修整方案，结构修整后应重新检查验收。

注：本内容参照《混凝土结构工程施工规范》GB 50666—2011 第 8.9.6 条规定。

工程质量管理资料范例

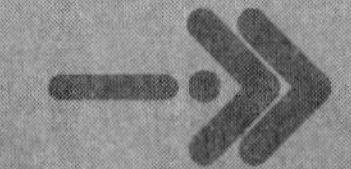

建筑材料进场检验资料

3.0.1 材料、构配件进场检验记录

《材料、构配件进场检验记录》填写范例及说明见表 3-1。

材料、构配件进场检验记录 表 3-1

材料、构配件进场检验记录					资料编号		
工程名称		××工程			检验日期	××年×月×日	
序号	名称	规格型号	进场数量	生产厂家 合格证号	检验项目	检验结果	备注
1	焊条	E4313	130 根	××× ×××	外观、质量证明文件	合格	
2	焊丝	ϕ2.4	80 根	××× ×××	外观、质量证明文件	合格	
3	焊剂	HJX_1X_2O—H×××	5km	××× ×××	外观、质量证明文件	合格	
4	焊钉	ϕ19×100	500	××× ×××	外观、质量证明文件	合格	
检验结论： 以上材料、构配件经外观检查合格，管径壁厚均匀，材质、规格型号及数量经复检均符合设计、规范要求，产品质量证明文件齐全							
签字栏	施工单位	××钢结构工程公司		专业质检员	专业工长	检验员	
				×××	×××	×××	
	监理(建设)单位	××建设监理有限公司			专业工程师	×××	

注：本表由施工单位填写。

【填写说明】

（1）资料流程：由直接使用所检查的材料及配件的施工单位填写，作为工程物资进场报验表填表进入资料流程。

（2）相关规定与要求：工程物资进场后，施工单位应及时组织相关人员检查外观、数量及供货单位提供的质量证明文件等，合格后填写本表。

（3）注意事项：

1）工程名称填写应准确、统一，日期应准确。

2）物资名称、规格、数量、检验项目和结果等填写应规范、准确。

3）检验结论及相关人员签字应清晰可辨认，严禁其他人代签。

4）按规定应进场复试的工程物资，必须在进场检查验收合格后取样复试。

（4）本表由施工单位填写并保存。

3.0.2 高强度螺栓出厂合格证、质量保证书

《高强度螺栓出厂合格证、质量保证书》填写范例见表 3-2。

产品合格证明书 **表 3-2**

使用单位：××钢结构工程公司 编号：×××

<table>
<tr><td colspan="3">产品名称</td><td>高强度螺栓</td><td>规格型号</td><td>M20</td></tr>
<tr><td colspan="3">数量</td><td>2272</td><td>出厂日期</td><td>××年×月×日</td></tr>
<tr><td rowspan="8">主要技术要求</td><td colspan="2">项目</td><td colspan="2">要求</td><td>质量情况</td></tr>
<tr><td>1</td><td>原材料材质</td><td colspan="2">GB 38 40Cr</td><td>合格</td></tr>
<tr><td>2</td><td>性能等级</td><td colspan="2">10.9S</td><td>合格</td></tr>
<tr><td>3</td><td>螺纹尺寸</td><td colspan="2">GB 196,GB 197</td><td>合格</td></tr>
<tr><td>4</td><td>表面硬度</td><td colspan="2">HRC 32-36</td><td>合格</td></tr>
<tr><td>5</td><td>外观</td><td colspan="2">严禁淬火裂纹,损伤</td><td>合格</td></tr>
<tr><td>6</td><td>承载力</td><td colspan="2">符合 JG/T 10—2009 要求</td><td>合格</td></tr>
<tr><td></td><td></td><td colspan="2"></td><td></td></tr>
<tr><td rowspan="7">允许偏差</td><td colspan="2">项目</td><td colspan="2">允许偏差(mm)</td><td>实测</td></tr>
<tr><td>1</td><td>螺纹长度</td><td colspan="2">0,+2t</td><td>0.2～1.9</td></tr>
<tr><td>2</td><td>螺栓长度</td><td colspan="2">−0.8t+2t</td><td>1.0～1.8</td></tr>
<tr><td>3</td><td>键槽深度</td><td colspan="2">±0.2</td><td>0.1～0.19</td></tr>
<tr><td>4</td><td>键槽直线度</td><td colspan="2">≤0.2</td><td>0.12～0.19</td></tr>
<tr><td>5</td><td>键槽位置度</td><td colspan="2">≤0.3</td><td>0.2～0.24</td></tr>
<tr><td></td><td></td><td colspan="2"></td><td></td></tr>
<tr><td>结论</td><td colspan="5">该批杆件符合《钢网架螺栓球节点》JG/T 10—2009 标准要求，根据《钢结构工程施工质量验收规范》GB 50205—2001 综合评定为合格
××建设工程质量检测中心
检验员签字：××× (单位检测专用章)</td></tr>
</table>

报出日期：××年×月×日

3.0.3 套筒产品合格证明书

《套筒产品合格证明书》填写范例见表 3-3。

产品合格证明书 **表 3-3**

使用单位：××钢结构工程公司　　　　编号：×××

产品名称		套筒	规格型号	32/21
数量		2272	出厂日期	××年×月×日
主要技术要求	项目		要求	质量情况
	1	钢材材质	GB 1591 16Mn	合格
	2	外观	不得有裂纹、过烧及氧化皮	合格
允许偏差	项目		允许偏差(mm)	实测
	1	同轴度	+0.5	0.21～0.48
	2	长度	±0.2	0.10～0.17
	3	垂直度	±0.5%r	0.2～0.48
	4	平行度	0.3	0.13～0.26
	5			
结论	该批杆件符合《钢网架螺栓球节点》JG/T 10—2009 标准要求，根据《钢结构工程施工质量验收规范》GB 50205—2001 综合评定为合格 ××建设工程质量检测中心 检验员签字：×××　　（单位检测专用章）			

报出日期：××年×月×日

3.0.4 钢构件出厂合格证

《钢构件出厂合格证》填写范例及说明见表 3-4。

钢构件出厂合格证　　表 3-4

<table>
<tr><td colspan="4">钢构件出厂合格证</td><td>资料编号</td><td colspan="2"></td></tr>
<tr><td colspan="2">工程名称</td><td colspan="2">××工程</td><td>合格证编号</td><td colspan="2">××××-105</td></tr>
<tr><td colspan="2">委托单位</td><td colspan="2">××钢构件厂</td><td>焊药型号</td><td colspan="2">/</td></tr>
<tr><td colspan="2">钢材材质</td><td></td><td>防腐状况</td><td>已做防腐处理</td><td>焊条或焊丝型号</td><td>E430 33.2mm×350mm</td></tr>
<tr><td colspan="2">供应总量/t</td><td>90</td><td>加工日期</td><td>××年×月×日</td><td>出厂日期</td><td>××年×月×日</td></tr>
<tr><td>序号</td><td>构件名称及编号</td><td>构件数量</td><td>构件单重/kg</td><td>原材报告编号</td><td>复试报告编号</td><td>使用部位</td></tr>
<tr><td>1</td><td>1#钢柱</td><td>12</td><td>85</td><td>035</td><td>××××-0135</td><td>一层①～⑨/Ⓑ～①轴</td></tr>
<tr><td>2</td><td>1#桁架</td><td>3</td><td>30</td><td>039</td><td>××××-0147</td><td>屋面</td></tr>
<tr><td></td><td></td><td></td><td></td><td></td><td></td><td></td></tr>
<tr><td colspan="7">备注：</td></tr>
<tr><td colspan="2">供应单位技术负责人</td><td colspan="2">填表人</td><td colspan="3" rowspan="3">供应单位名称
（盖章）</td></tr>
<tr><td colspan="2">×××</td><td colspan="2">×××</td></tr>
<tr><td>填表日期</td><td colspan="3">××年×月×日</td></tr>
</table>

【填写说明】

1. 相关规定及要求

钢构件出厂时，其质量必须合格，并符合《钢结构工程施工质量验收规范》GB 50205—2001 中的有关规定，并应提交以下资料：

（1）钢构件出厂合格证。

（2）施工图和设计变更文件，设计变更的内容应在施工图中相应部位加以注明。

（3）制作中对技术问题处理的协议文件。

（4）钢材、连接材料和涂装材料的质量证明书或试验报告。

1）钢材必须有质量证明书，并应符合设计文件的要求，如对钢材的质量有异议时，必须按规范进行力学性能和化学成分的抽样检验，合格后方能使用。

焊条、焊剂及焊药应有出厂合格证，并应符合设计要求，需进行烘焙的应有烘焙记录。

2）高强度螺栓、高强度大六角头螺栓在安装前，按有关规定应复验摩擦面抗滑移系数及连接副预拉力或扭矩系数，合格后方可安装，应有一级、二级焊缝无损检验报告。

3）涂料应有质量证明书，防火涂料应经消防部门认可。

（5）焊接工艺评定报告。

（6）有预拼要求时，钢构件验收应具备预拼装记录。

（7）构件发运和包装清单。

2. 检验方法

钢板件出厂合格证应包括以下主要内容：工程名称、委托单位、合格证编号、钢材原材报告及复试报告编号、焊条或焊丝及焊药型号、供应总量、加工及出厂日期、构件名称及编号、构件数量、防腐状况、使用部位、技术负责人（签字）、填表人（签字）及单位盖章等内容。

合格证要填写齐全，不得漏填或错填。数据真实，结论正确，符合标准要求。

3.0.5　钢构件产品合格证明书

《钢构件产品合格证明书》填写范例见表 3-5。

钢构件产品合格证明书　　表 3-5

编号：×××

工程名称		××工程	产品名称	杆件	规格型号	ϕ48×3.5
数量		936		出厂日期		××年×月×日
保证项目	项目			要求		质量情况
	1	钢材材质		GB 700—2006　Q235		合格
	2	焊条及焊接		应符合 GB 50661—2011 规定		合格
	3	焊缝质量		应符合 GB 50205—2001 二级		合格
	4	工程受力最不利承载力		应符合 JG/T 10—2009 要求		合格
允许偏差项目	项目			允许偏差(mm)		实测
	1	杆件长度		±1		0.1～0.8
	2	轴线不平直度		L/1000 且≯5		0.18～0.4
	3	垂直度		0.5%r		0.22～0.37
	4	同轴度		1.0		0.1～0.7
	5	焊缝高度		−2.0，+2.0		1.1～1.8
结论	符合设计要求，根据《钢结构工程施工质量验收规范》GB 50255—2001 综合评定为合格 检验员签字：×××　　(单位检测专用章)					

报出日期：××年×月×日

3.0.6 高强度大六角头螺栓连接副扭矩系数检验报告

《高强度大六角头螺栓连接副扭矩系数检验报告》填写范例见表 3-6。

高强度大六角头螺栓连接副扭矩系数检验报告 **表 3-6**

共1页 第1页

<table>
<tr><td>工程名称</td><td colspan="4">××工程</td><td>委托编号</td><td>检 06×××</td></tr>
<tr><td>委托单位</td><td colspan="4">××建筑工程公司</td><td>检验日期</td><td>××年×月×日</td></tr>
<tr><td>见证单位</td><td colspan="4">××建设监理咨询公司</td><td>见证人</td><td>×××</td></tr>
<tr><td>样品名称</td><td colspan="4">高强度大六角头螺栓连接副</td><td>检验项目</td><td>扭矩系数</td></tr>
<tr><td>检验依据</td><td colspan="6">《钢结构工程施工质量验收规范》GB 50205—2001</td></tr>
<tr><td>检验仪器</td><td colspan="6">仪器名称：标准测力计 7X-11-01 检定证书编号：×××</td></tr>
<tr><td colspan="7">高强度大六角头螺栓连接副预拉力检验结果</td></tr>
<tr><td>型号规格</td><td>样品编号</td><td>预拉力
(kN)</td><td>扭矩(N·m)</td><td>扭矩系数</td><td>扭矩系数
平均值</td><td>扭矩系数
标准偏差</td></tr>
<tr><td rowspan="8">M22×75
10.9S</td><td>GL06×××</td><td>195</td><td>0.54</td><td>0.126</td><td rowspan="8">0.131</td><td rowspan="8">0.007</td></tr>
<tr><td>GL06×××</td><td>195</td><td>0.60</td><td>0.140</td></tr>
<tr><td>GL06×××</td><td>195</td><td>0.56</td><td>0.131</td></tr>
<tr><td>GL06×××</td><td>195</td><td>0.52</td><td>0.121</td></tr>
<tr><td>GL06×××</td><td>195</td><td>0.56</td><td>0.131</td></tr>
<tr><td>GL06×××</td><td>195</td><td>0.60</td><td>0.140</td></tr>
<tr><td>GL06×××</td><td>195</td><td>0.58</td><td>0.135</td></tr>
<tr><td>GL06×××</td><td>195</td><td>0.54</td><td>0.126</td></tr>
<tr><td>检验结论</td><td colspan="6">该试样所检项目符合《钢结构工程施工质量验收规范》GB 50205—2001</td></tr>
</table>

批准：××× 审核：××× 校核：××× 检验：×××

【填写说明】

1. 高强度大六角头螺栓连接副及其规格

高强度大六角头螺栓连接副包括一个螺栓、一个螺母和二个垫圈组成，其规格按直径划分为 7 种，即 M12、M16、M20、M22、M24、M27、M30。螺杆的长度确定是在连接厚度的基础上增加螺母高度和二个垫圈厚度及多出 2～3 个丝扣的长度，并以 5mm 为一级差。

2. 高强度大六角头螺栓连接副的技术性能

高强度大六角头螺栓连接副的技术性能包括螺栓的拉力荷载（楔负载），螺母的保证荷载、螺栓螺母垫圈的表面硬度等，除此之外，连接副的扭矩系数是影响连接性能的最重要的技术性能，根据国家标准《钢结构用高强度大六角头螺栓、大六角螺母、垫圈与技术条件》GB/T 1231—2006 的规定，10.9S 级的高强度大六角头螺栓连接副的扭矩系数的平均值应为 0.110～0.150，其标准偏差≤0.010。以上性能指标应作为产品质量证明文件的主要内容随产品出厂。

3. 高强度大六角头螺栓扭矩系数复验

施工单位应对进场的高强度大六角头螺栓连接副进行扭矩系数复验，复验用螺栓应在施工现场待安装的螺栓批中随机抽取，每批按规格抽取 8 套连接副进行复验。

复验使用的计量器具，如轴力计、扭矩扳手等应在试验前进行标定，误差不得超过 2%。

采用轴力计方法测试连接副扭矩系数时，应将螺栓穿入轴力计，在测出螺栓紧固预应力 P 的同时，测定施加于螺母上的施拧扭矩值 T，并按（式 5-1）计算扭矩系数 K。

$$K=T/P\cdot d$$

式中　T——拖拧扭矩值（N·m）；

d——螺栓的公称直径（mm）；

P——螺栓紧固预拉力（kN），其值应在标准规定的范围内。

每套连接副只能做一次试验，不得重复使用。在紧固中垫圈发生转动时，应更换连接副，重新试验。

3.0.7　扭剪型高强度螺栓连接副预拉力检验报告

《扭剪型高强度螺栓连接副预拉力检验报告》填写范例及说明见表 3-7。

扭剪型高强度螺栓连接副预拉力检验报告　　表 3-7

工程名称	××工程			委托编号	检 08×××	
委托单位	××建筑工程公司			检验日期	××年×月×日	
见证单位	××建设监理咨询公司			见证人	×××	
样品名称	高强度大六角头螺栓连接副			检验项目	扭矩系数	
检验依据	《钢结构工程施工质量验收规范》GB 50205—2001					
检验仪器	仪器名称：标准测力计　7X-11-01　　检定证书编号：×××					
扭剪型高强度螺栓连接副预应力检验结果						
型号规格	样品编号	实测预拉力(kN)	预拉力平均值(kN)		预拉力标准值(kN)	
			标准值	实测值	标准值	实测值
M24×75 10.9S	GL06×××	254	222～270	260	≤22.7	9.1
	GL06×××	261				
	GL06×××	243				
	GL06×××	266				
	GL06×××	257				
	GL06×××	263				
	GL06×××	274				
	GL06×××	260				
检验结论	该试样所检项目符合《钢结构工程施工质量验收规范》GB 50205—2001					

批准：×××　　审核：×××　　校核：×××　　检验：×××

【填写说明】

1. 扭剪型高强度螺栓连接副及其规格

扭剪型高强度螺栓连接副包括一个螺栓、一个螺母和一个垫圈组成，其规格按直径划分为4种。即M16、M20、M22和M24。螺杆的长度确定是在连接厚度的基础上增加螺母高度和垫圈厚度及多出2～3个丝扣长度，并以5mm为一级差。

2. 扭剪型高强度螺栓连接副的技术性能

扭剪型高强度螺栓连接副的技术性能包括螺栓的拉力荷载（楔负载）、螺母的保证荷载、螺栓螺母垫圈的表面硬度等，除此之外，连接副的紧固预拉力是影响连接性能的最重要的技术性能见表3-8。以上性能指标应作为产品质量证明文件的主要内容随产品出厂。

扭剪型高强度螺栓连接副紧固预应力和标准偏差　　表3-8

螺栓直径(mm)	16	20	22	24
紧固预拉力的平均值(kN)	99～120	154～168	191～231	222～270
标准偏差 σ_p(kN)	10.1	15.7	19.5	22.7

3. 扭剪型高强度螺栓连接副紧固预拉力复验

施工单位应对进场的扭剪型高强度螺栓连接副进行紧固预拉力的复验。复验用的螺栓应在施工现场待安装的螺栓批中随机抽取，每批按规格抽取8套连接副进行复验。

连接副紧固预拉力可采用经计量检定、标准合格的轴力计进行测试，其误差应在2%以内，轴力计有电测轴力计、油压轴力计及压力环（传力器）、电阻应变片等几种，工程上通常使用电测轴力计和油压轴力计，电测轴力计一般设置在试验室，油压轴力计可携带至安装现场，测试环境对测量精度影响不大。

采用轴力计方法测试连接副紧固预拉力时，应将螺栓直接插入轴力计，紧固螺栓分初拧、终拧两次进行，初拧可采用手动扭矩扳手或专用定扭电动扳手，初拧值应为预拉力标准值的50%左右。终拧应采用专用电动扳手，至尾部梅花头拧掉，读出预拉力值。

每套连接副只能做一次试验，不得重复使用。在紧固中垫圈发生转动时，应更换连接副，重新试验。由于螺栓太短或太长，采用轴力计无法测试时，可以通过对材料性能的测试或用同批同直径螺栓中其他长度规格的试验结果进行旁证。

3.0.8　钢板摩擦面抗滑移组装件抗滑移系数检验报告

《钢板摩擦面抗滑移组装件抗滑移系数检验报告》填写范例如下：

检　验　报　告

TEST　REPORT

×××—×××

受检（委托）单位：　××钢结构工程有限公司

产品（试样）名称：　钢板摩擦面抗滑移组装件

检　验　类　别：　委托检验

×××质量监督检验中心

×××质量监督检验中心

检 验 报 告

×××—××× 共2页第1页

委托单位	××钢结构工程有限公司	**委托时间**	××年×月×日
工程名称	××工程	**送样(联系)人**	×××
试样名称	钢板摩擦面抗滑移组装件		
检验依据	GB 50205—2001及委托方给定条件		
规格型号	螺栓:M16 盖板:δ=10mm;芯板:δ=16mm		
钢号级别	螺栓:10.9s 钢板:Q345B		
来样编号	/		
试样编号	6W1668		
试样数量	共3套		
检验项目	抗滑移系数		
样品状态	正常		
检验结论	送检样品检验结果符合检验依据规定		
备 注	**表面处理:**××× **见证人:**×××	**检验单位:(检验报告专用章)** **签发日期:**××年×月×日	

批准:××× **审核:**××× **编写:**×××

××× 质量监督检验中心

检 验 报 告

×××—××× 共2页第2页

来样编号		/		
试样编号		6W1668—1	6W1668—2	6W1668—3
螺栓规格级别		M16;10.9s		
钢板规格级别		盖板:δ=10mm;芯板:δ=16mm;Q345B		
板宽/mm		100	100	100
测试环境温度/℃		19		
检验项目	标准值	实 测 值		
产生滑移的最大负荷/kN	/	243	283	220
抗滑移系数/μ	≥0.45	0.59	0.68	0.53
备 注				

分项报告编号:(2010)第××号

3.0.9 高强度螺栓连接副、摩擦面抗滑移系数检验报告

《高强度螺栓连接副、摩擦面抗滑移系数检验报告》填写范例及说明见表 3-9。

高强度螺栓连接副、摩擦面抗滑移系数检验报告 **表 3-9**

共 1 页 第 1 页

工程名称	××工程			委托编号	检 06×××	
委托单位	××建筑工程公司			检验日期	××年×月×日	
见证单位	××建设监理咨询公司			见证人	×××	
样品名称	高强度大六角头螺栓连接副			检验项目	扭矩系数	
检验依据	《钢结构工程施工质量验收规范》(GB 50205—2001)					
检验仪器	仪器名称:标准测力计　7X—11—01　　检定证书编号:×××					
高强度大六角头螺栓连接副预拉力检验结果						
型号规格	样品编号	预拉力/kN	扭矩/(N·m)	扭矩系数	扭矩系数平均值	扭矩系数标准偏差
M22×75 10.9S	GL06×××	195	0.54	0.126	0.131	0.007
	GL06×××	195	0.60	0.140		
	GL06×××	195	0.56	0.131		
	GL06×××	195	0.52	0.121		
	GL06×××	195	0.56	0.131		
	GL06×××	195	0.60	0.140		
	GL06×××	195	0.58	0.135		
	GL06×××	195	0.54	0.126		
检验结论	该试样所检项目符合《钢结构工程施工质量验收规范》GB 50205—2001					

批准:×××　　审核:×××　　校核:×××　　检验:×××

【填写说明】

1. 释义

抗滑移系数是高强度螺栓连接的主要设计参数之一，直接影响连接的承载力，因此连接摩擦面无论由制造厂处理还是由现场处理，均应进行抗滑移系数测试，测得的抗滑移系数值应符合设计要求。

2. 措施

（1）抗滑移系数试件型式和数量

1）抗滑移系数试件采用双摩擦面的二栓拼接头，试件连接板与所代表的钢结构构件应为同一材质、同批制作，采用同一摩擦面处理工艺有相同的表面状态。

2）由制造厂进行摩擦面处理的试件应同时准备两套试件（每套三组件），供制造厂试验和安装单位复验，由现场进行摩擦面处理的试件可以准备一套三组试件，由安装单位进行试验。

（2）摩擦面处理的主要方法及抗滑移系数值应符合表 3-10。

摩擦面处理的主要方法及抗滑移系数值 **表 3-10**

摩擦面处理方法	连接钢板的钢号		
	Q235	Q345、Q390	Q420
喷砂(丸)	0.45	0.50	0.50
喷砂(丸)	0.35	0.40	0.40
喷砂(刃)后生赤锈	0.45	0.50	0.50
钢丝刷清除浮锈或未经处理的干净轧制表面	0.30	0.35	0.40

3. 检查

按分部（子分部）工程划分规定的工程量每 2000t 为一批，不足 2000t 的可视为一批，对同一种摩擦面处理工艺每批进行一次试验和复验。检查摩擦面抗滑移系数试验报告和复验报告的合法、有效性，及试验结果是否满足设计要求。

注意事项：

1）采用有压力传感器或贴有电阻应变片对高强度螺栓预拉力进行实测的试件，其每套三组试件的抗滑移系数试验值均应大于或等于设计值。

2）对高强度螺栓预拉力不进行实测，而取用同批高强度螺栓复验预拉力平均值进行计算时，其每套三组试件的抗滑移系数试验值的平均值应大于或等于设计值，且最小值不得低于设计值的 95%。

3）检验报告应加盖必要的印章，如“见证试验章”、“CMA”章及证明检测单位资质的专用章。

4. 判定

1）摩擦面抗滑移系数试验报告、复验报告合法、有效，且试验结果符合设计要求，

应予以验收。

2）凡不符合上述第 1 项规定时，施工单位应采取调整摩擦面处理工艺等措施进行重新试验直至达到设计要求，或经原设计单位核算认可，否则不得验收。

3）未经抗滑移系数试验，不得进行摩擦型高强度螺栓连接的安装，否则视为严重违反强制性条文行为。

5. 高强度螺栓连接摩擦面的抗滑移系数检验

（1）基本要求

制造厂和安装单位应分别以钢结构制造批为单位进行抗滑移系数试验。制造批可按分部（子分部）工程划分规定的工程量每 2000t 为一批，不足 2000t 的可视为一批。选用两种及两种以上表面处理工艺时，每种处理工艺应单独检验。每批三组试件。

抗滑移系数试验应采用双摩擦面的二栓拼接的拉力试件见图 3-1。

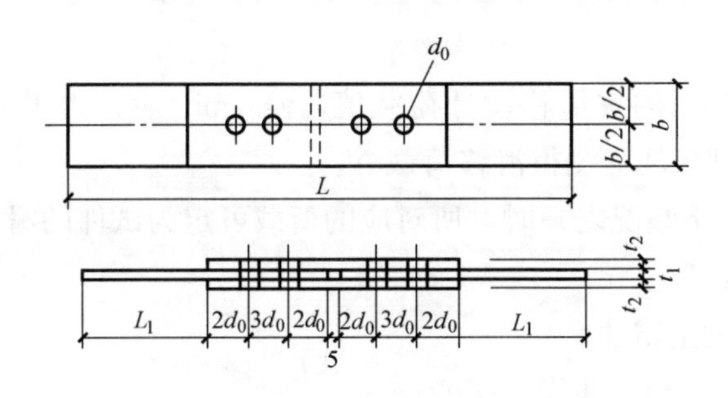

图 3-1 抗滑移系数试件的形式和尺寸

抗滑移系数试验用的试件应由制造厂加工，试件与所代表的钢结构构件应为同一材质、同批制作、采用同一摩擦面处理工艺和具有相同的表面状态，并应用同批同一性能等级的高强度螺栓连接副，在同一环境条件下存放。

试件钢板的厚度 t_1、t_2 应根据钢结构工程中有代表性的板材厚度来确定，同时应考虑在摩擦面滑移之前，试件钢板的净截面始终处于弹性状态；宽度 b 可参照表 3-11 规定取值。L_1 应根据试验机夹具的要求确定。

试件板的宽度 **表 3-11**

螺栓直径 d(mm)	16	20	22	24	27	30
板宽 b(mm)	100	100	105	110	120	120

试件板面应平整，无油污，孔和板的边缘无飞边、毛刺。

（2）试验方法

试验用的试验机误差应在 1%以内。

试验用的贴有电阻片的高强度螺栓、压力传感器和电阻应变仪应在试验前用试验机进行标定，其误差应在2%以内。

试件的组装顺序应符合下列规定：

先将冲钉打入试件孔定位，然后逐个换成装有压力传感器或贴有电阻片的高强度螺栓，或换成同批经预拉力复验的扭剪型高强度螺栓。

紧固高强度螺栓应分初拧、终拧。初拧应达到螺栓预拉力标准值的50%左右。终拧后，螺栓预拉力应符合下列规定：

1）对装有压力传感器或贴有电阻片的高强度螺栓，采用电阻应变仪实测控制试件每个螺栓的预拉力值应在0.95～1.05P（P为高强度螺栓设计预拉力值）之间；

2）在进行实测时，扭剪型高强度螺栓的预拉力（紧固轴力）可按同批复验预拉力的平均值取用。

试件应在其侧面划出观察滑移的直线。

将组装好的试件置于拉力试验机上，试件的轴线应与试验机夹具中心严格对中。

加荷时，应先加10%的抗滑移设计荷载值，停1min后，再平稳加荷，加荷速度为3～5kN/s。直拉至滑动破坏，测得滑移荷载N_v。

在试验中当发生以下情况之一时，所对应的荷载可定为试件的滑移荷载。

① 试验机发生回针现象；

② 试件侧面划线发生错动；

③ X—Y记录仪上变形曲线发生突变；

④ 试件突然发生“嘣”的响声。

抗滑移系数，应根据试验所测得的滑移荷载N_v，和螺栓预拉力P的实测值，按下式计算，宜取小数点二位有效数字。

$$\mu=\frac{N_v}{n_f\cdot\sum_{i=1}^{m}P_i}$$

式中 N_v——由试验测得的滑移荷载（kN）；

n_f——摩擦面面数，取$n_f=2$；

$\sum_{i=1}^{m}P_i$——试件滑移一侧高强度螺栓预拉力实测值（或同批螺栓连接副的预拉力平均值）之和（取三位有效数字）kN；

m——试件一侧螺栓数量，取$m=2$。

3.0.10 螺栓连接副拉力荷载检验报告

《螺栓连接副拉力荷载检验报告》填写范例见表3-12。

螺栓连接副拉力荷载检验报告 **表 3-12**

共 1 页 第 1 页

工程名称	××工程	委托编号	检 08×××
委托单位	××建筑工程公司	检验日期	××年×月×日
见证单位	××建设监理咨询公司	见证人	×××
检验依据	《钢结构用扭剪型高强度螺栓连接副》GB/T 3632—2008 《钢结构工程施工质量验收规范》GB 50205—2001		
检验仪器	仪器名称：标准测力计 7X—11—01 检定证书编号：×××		

检验结果汇总表					
样品编号	型号规格	螺纹公称应力截面积（mm²）	实测预拉力荷载（kN）	折算抗拉强度（MPa）	破坏形态
GL06×××	M22×75 10.9S	303	332	1095	断裂在螺纹部位
GL06×××			340	1120	断裂在螺纹部位
GL06×××			353	1165	断裂在螺纹部位
GL06×××			360	1190	断裂在螺纹部位
GL06×××			348	1150	断裂在螺纹部位
GL06×××			357	1180	断裂在螺纹部位
GL06×××			344	1135	断裂在螺纹部位
GL06×××			348	1150	断裂在螺纹部位
检验结论	该试样所检项目符合《钢结构用扭剪型高强度螺栓连接副》GB/T 3632—2008 标准要求				

批准：××× 审核：××× 校核：××× 检验：×××

3.0.11 高强度螺栓洛氏硬度检验报告

《高强度螺栓洛氏硬度检验报告》填写范例见表 3-13。

高强度螺栓洛氏硬度检验报告 **表 3-13**

共 1 页 第 1 页

<table>
<tr><td colspan="2">工程名称</td><td colspan="4">××工程</td><td colspan="2">委托编号</td><td colspan="4">检 08×××</td></tr>
<tr><td colspan="2">委托单位</td><td colspan="4">××建筑工程公司</td><td colspan="2">检验日期</td><td colspan="4">××年×月×日</td></tr>
<tr><td colspan="2">见证单位</td><td colspan="4">××建设监理咨询公司</td><td colspan="2">见证人</td><td colspan="4">×××</td></tr>
<tr><td colspan="2">检验依据</td><td colspan="10">《金属材料 洛氏硬度试验 第 1 部分：试验方法（A、B、C、D、E、F、G、H、K、N、T 标尺）》GB/T 230.1—2009
《钢结构用扭剪型高强度螺栓连接副》GB/T 3632—2008</td></tr>
<tr><td colspan="2">检验仪器</td><td colspan="10">仪器名称：HR—150A 洛氏硬度计 检定证书编号：×××</td></tr>
<tr><td colspan="12">检 验 结 果</td></tr>
<tr><td>型号</td><td>序号</td><td colspan="3">洛氏硬度/HRC</td><td>检测部位</td><td>型号</td><td>序号</td><td colspan="3">洛氏硬度/HRC</td><td>检测部位</td></tr>
<tr><td rowspan="8">M24×75
10.9S</td><td>1</td><td>23.5</td><td>23.0</td><td>23.0</td><td>2 层 2/A～B</td><td rowspan="8">M24×75
10.9S</td><td>9</td><td></td><td></td><td></td><td></td></tr>
<tr><td>2</td><td>25.0</td><td>25.0</td><td>25.0</td><td>1 层 1/A～B</td><td>10</td><td></td><td></td><td></td><td></td></tr>
<tr><td>3</td><td>23.5</td><td>23.5</td><td>23.5</td><td>3 层 A/1～2</td><td>11</td><td></td><td></td><td></td><td></td></tr>
<tr><td>4</td><td>—</td><td>—</td><td>—</td><td></td><td>12</td><td></td><td></td><td></td><td></td></tr>
<tr><td>5</td><td>—</td><td>—</td><td>—</td><td></td><td>13</td><td></td><td></td><td></td><td></td></tr>
<tr><td>6</td><td>—</td><td>—</td><td>—</td><td></td><td>14</td><td></td><td></td><td></td><td></td></tr>
<tr><td>7</td><td>—</td><td>—</td><td>—</td><td></td><td>15</td><td></td><td></td><td></td><td></td></tr>
<tr><td>8</td><td>—</td><td>—</td><td>—</td><td></td><td>16</td><td></td><td></td><td></td><td></td></tr>
<tr><td>检验结论</td><td colspan="11">该试样所检项目符合 GB/T 1231—2006（GB/T 3632—2008）标准中 10.9S 的指标要求</td></tr>
</table>

批准：××× 审核：××× 校核：××× 检验：×××

Chapter 04

施工试验检测资料

4.0.1 超声波探伤报告

《超声波探伤报告》填写范例见表 4-1。

超声波探伤报告　　表 4-1

超声波探伤报告		资料编号	
		试验编号	×××
		委托编号	×××
工程名称及施工部位	×××大厦　二层柱、梁		
委托单位	××项目部	试验委托人	×××
构件名称	钢柱/钢梁	检测部位	梁柱对接焊缝
材质	Q345B	板厚(mm)	10、12、14
仪器型号	UFD—308	试块	RB—1
耦合剂	CMC	表面补偿	4Db
表面状况	打磨	执行处理	GB/T 11345
探头型号	5P10×10 70°	探伤日期	××年×月×日

探伤结果及说明：

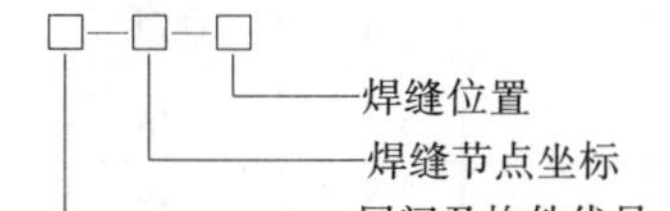

1. S-南；N-北
2. 11GL-10K-N 即 1 段第一层，轴线坐标为 10/K 点上钢柱北侧梁——柱安装节点焊缝

钢结构现场安装焊缝，经超声波检测未发现超标缺陷，符合《焊缝无损检测　超声检测　技术、检测等级和评定》GB/T 11345—2013 验收要求

焊缝评定合格

批准	×××	审核	×××	试验	×××
试验单位	××中心试验室(单位章)				
报告日期	××年×月×日				

注：本表由检测机构提供。

4.0.2　超声波探伤记录

《超声波探伤记录》填写范例见表 4-2。

超声波探伤记录　　　　表 4-2

超声波探伤记录		资料编号	
工程名称	×××大厦	报告编号	×××
施工单位	××项目部	检测单位	×××

焊缝编号（两侧）	板厚（mm）	折射角（°）	回波高度	X（mm）	D（mm）	Z（mm）	L（mm）	级别	评定结果	备注
11GL-1K-N	10	70	/	/	/	/	/	I	合格	
11GL-1J2-S	10	70	/	/	/	/	/	I	合格	
N	10	70	/	/	/	/	/	I	合格	
11GL-1J1-S	10	70	/	/	/	/	/	I	合格	
11GL-1H2-N	10	70	/	/	/	/	/	I	合格	
11GL-1H1-S	10	70	/	/	/	/	/	I	合格	
N	10	70	/	/	/	/	/	I	合格	
11GL-1H-S	10	70	/	/	/	/	/	I	合格	
N	12	70	/	/	/	/	/	I	合格	
11GL-1G-S	12	70	/	/	/	/	/	I	合格	
11GL-4K-N	10	70	/	/	/	/	/	I	合格	
11GL-4J2-S	10	70	/	/	/	/	/	I	合格	
N	10	70	/	/	/	/	/	I	合格	
11GL-4J1-S	10	70	/	/	/	/	/	I	合格	
N	14	70	/	/	/	/	/	I	合格	
11GL-4J-S	14	70	/	/	/	/	/	I	合格	
N	14	70	/	/	/	/	/	I	合格	
11GL-4H2-S	14	70	/	/	/	/	/	I	合格	
N	10	70	/	/	/	/	/	I	合格	
11GL-5K-N	10	70	/	/	/	/	/	I	合格	
11GL-5J2-S	10	70	/	/	/	/	/		合格	
N	10	70	/	/	/	/	/	I	合格	

批准	审核	检测	××建设工程质量检测中心 检测单位名称 （公章）
×××	×××	×××	
报告日期	××年×月×日		

注：本表由检测机构提供。

填写说明

1. 表格解析

（1）责任部门

有资质检测单位提供，试验员收集。

（2）提交时限

焊接完成24h后进行，钢结构分部工程验收前提交。

（3）资料归档

一式三份，由施工单位填写，施工单位、建设单位归档保存，监理单位过程保存。

2. 填写依据

（1）规范名称

1）《焊缝无损检测　超声检测　技术、检测等级和评定》GB/T 11345—2013。

2）《钢结构焊接规范》GB 50661—2011。

3）《钢筋结构超声波探伤及质量分级》JG/T 203—2007。

4）《钢结构工程施工质量验收规范》GB 50205—2001。

（2）相关要求

依据《钢结构工程施工质量验收规范》GB 50205—2001规范要求，设计要求全焊头的一、二级焊缝应做缺陷检验，由有相应资质等级检测单位出具超声波。

钢结构工程质量验收采用常规无损检测方法进行。常规无损检测方法超声波检测主要检测金属焊缝接头和钢板内部缺陷。

1）焊接球节点网架焊缝、螺栓球节点网架焊缝及圆管T、K、Y形节点相贯线焊缝，其内部缺陷分级及探伤方法分别符合国家现行标准《钢筋结构超声波探伤及质量分级法》JG/T 203—2007、《钢结构焊接规范》GB 50661—2011的规定。

2）最大反射波幅位于Ⅰ区的缺陷，根据缺陷指示长度按表4-3的规定予以评级。

缺陷的等级分类　　**表4-3**

检验等级	A	B	C
板厚mm	8～50	8～300	8～300
评定等级			
Ⅰ	$\frac{2}{3}\delta$；最小12	$\frac{1}{3}\delta$；最小10，最大30	$\frac{1}{3}\delta$；最小10，最大20
Ⅱ	$\frac{3}{4}\delta$；最小12	$\frac{2}{3}\delta$；最小12，最大50	$\frac{1}{2}\delta$；最小10，最大30
Ⅲ	$<\delta$；最小20	$\frac{3}{4}\delta$；最小16，最大75	$\frac{2}{3}\delta$；最小12，最大50
Ⅳ	超过三级者		

注：1. δ为坡口加工侧母材板厚，母材板厚不同时，以较薄侧板厚为准。
2. 管座角焊缝δ为焊缝截面中心线高度。

3）最大反射波幅不超过评定线的缺陷，均评为Ⅰ级。

4）最大反射波幅超过评定线的缺陷，检验者判定为裂纹等危害性缺陷时，无论其波幅和尺寸如何，均评定为Ⅳ级。

5）反射波幅位于Ⅰ区的非裂纹性缺陷，均评为Ⅰ级。

6）反射波幅位于Ⅱ区的缺陷，无论其指示长度如何，均评定为Ⅳ级。

7）不合格的缺陷，应予返修，返修区域修补后，返修部位及补焊受影响的区域，应按原探伤条件进行复验，复探部位的缺陷亦应按相关标准评定。

4.0.3 钢构件射线探伤报告

《钢构件射线探伤报告》填写范例见表 4-4。

钢构件射线探伤报告 **表 4-4**

钢构件射线探伤报告					
				资料编号	
				试验编号	××—×××
				委托编号	××—×××
工程名称	×××大厦				
委托单位	××建设工程有限公司		试验委托人	×××	
检测单位	××检测中心		检测部位	球体环缝	
构件名称	球体		构件编号	×××	
材质	HPB 235	焊缝型式	V 型坡口	板厚(mm)	8.6
仪器型号	XY-2515	增感方式	铝箔	像质计型号	10/16
胶片型号	××	像质指数	13#、14#、15#	黑度	$D_{min}\geqslant 1.2$ $D_{max}\leqslant 3.5$
评定标准	GB 3323—2005	焊缝全长(mm)	4000	探伤比例与长度	25% 1354mm

探伤结果：

按容规(1981.5)第四章第 40 条(容器的焊缝探伤)之要求进行射线检测，并按《金属熔化焊接接头射线照相》GB 3323—2005 的规定执行，检测合格

底片编号	黑度	灵敏度	主要缺陷	评级	示意图：
01			无	Ⅰ	1#
02			无	Ⅱ	
03			无	Ⅱ	
04			无	Ⅲ	2#
05			无	Ⅱ	
06			无	Ⅲ	
07			无	Ⅱ	3#
08			无	Ⅱ	
09			无	Ⅲ	
010			无	Ⅰ	
011			无	Ⅱ	
012			无	Ⅱ	备注：

批准		审核		试验	
试验单位					
报告日期					

注：本表由检测机构提供。

填写说明

1. 表格解析

（1）责任部门

有资质检测单位提供，试验员收集。

（2）提交时限

焊接完成24h后进行，钢结构分部工程验收前提交。

（3）资料归档

一式三份，由施工单位填写，施工单位、建设单位归档保存，监理单位过程保存。

2. 填写依据

（1）规范名称

1）《钢熔化焊对接接头射线照相和质量分级》GB/T 3323—2005。

2）《钢结构工程施工质量验收规范》GB 50205—2001。

（2）相关要求

1）依据《钢结构工程施工质量验收规范》GB 50205—2001规范要求，设计要求全焊头的一、二级焊缝应做缺陷检验，由有相应资质等级检测单位出具射线探伤检验报告。

2）钢结构工程质量验收采用常规无损检测方法进行。常规无损检测方法射线检验主要检测金属焊缝接头内部缺陷。

3）超声波探伤不能对缺陷作出判断时，应采用射线探伤，其内部缺陷分级及探伤方法应符合现行国家标准《钢焊缝手工超声波探伤方法和探伤结果分级》GB 11345—2007或《钢熔化焊对接接头射线照相和质量分级》GB/T 3323—2005的规定。

4）根据缺陷的性质和数量，焊接接头质量分为四个等级。

Ⅰ级焊接接头：应无裂纹、未熔合和未焊透和条形缺陷。

Ⅱ级焊接接头：应无裂纹、未熔合和未焊透。

Ⅲ级焊接接头：应无裂纹、未熔合以及双面焊和加垫板的单面焊中的未焊透。

Ⅳ级焊接接头：焊接接头中缺陷超过Ⅲ级者。

4.0.4 高强螺栓抗滑移系数检测报告

《高强螺栓抗滑移系数检测报告》填写范例见表4-5。

高强度螺栓连接副连接摩擦面抗滑移系数检验报告　　表4-5

工程名称	××大厦			委托编号	××—××	
委托单位	××钢结构安装公司			检验日期	××年×月×日	
见证单位	×××			见证人	×××	
样品名称	扭剪型高强度螺栓连接摩擦面抗滑移系数试件			检验项目	抗滑移系数	
检验依据	JGJ 82—2011、GB 50205—2001					
检验仪器名称	WE—1000万能式验机			检定证书编号	××—××	
高强度螺栓连接副连接摩擦面抗滑移系数检验结果						
型号规格	样品编号	螺栓平均预拉力(kN)	摩擦面数(面)	单侧螺栓数量(个)	实测滑移荷载(kN)	抗滑移系数
M24×100	1	244	2	2	508.4	0.52
	2	245	2	2	519.3	0.53
	3	245	2	2	518.9	0.53
检验结论	依据JGJ 82—2011,GB 50205—2001标准,符合设计要求					
备注						
试验：	校核：	审核：	检测单位： (盖章) 负责人： 年　月　日			

填写说明

1. 表格解析

(1) 责任部门

有资质检测单位提供，试验员收集。

(2) 提交时限

正式使用前提交，高强螺栓连接检验批验收前1d提交。

(3) 资料归档

本表一式三份，由施工单位填写，施工单位、建设单位归档保存，监理单位过程保存。

2. 填写依据

(1) 规范名称

《钢结构工程施工质量验收规范》GB 50205—2001。

(2) 相关要求

钢结构的连接采用高强度螺栓连接时，应对连接而进行喷砂、喷丸等方法的技术处理，使其连接面的抗滑移系数达到设计规定的数值，经过技术处理的摩擦面是否达到设计规定的抗滑移系数值，因此制造厂和安装单位应分别以钢结构制造批为单位进行抗滑移系数试验，并按规定实行有见证取样送检，由有资质的检测单位出具试验报告。

1) 组批原则及取样

制造批可按分部（子分部）工程划分规定的工程量每2000t为一批，不足2000t的可视为一批。选用两种及两种以上表面处理工艺时，每种处理工艺应单独检验每批三组试件。

2) 样品的制作

抗滑移系数试验应采用双摩擦面的二栓拼接的拉力试件（图4-1）。

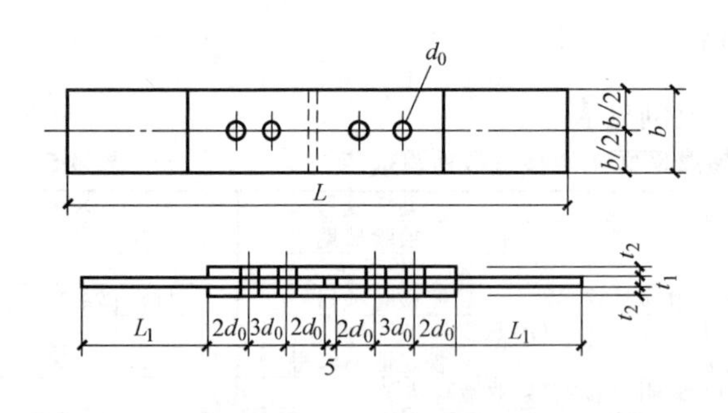

图4-1 抗滑移系数拼接试件的形式和尺寸

抗滑移系数试验用的试件应由制造厂加工，试件与所代表的钢结构构件应为同一材质、同批制作、采用同一摩擦面处理工艺和具有相同的表面状态，并应用同批同一性能等级的高强度螺栓连接副，在同一环境条件不存放。

试件钢板的厚度 t_1、t_2 应根据钢结构工程中有代表性的板材厚度来确定，同时应考虑在摩擦面滑移之前，试件钢板的净截面始终处于弹性状态；宽度 b 可参照表4-6规定取值，L_1 应根据试验机夹具的要求确定。

试件板的宽度（单位：mm） 表4-6

螺栓直径 d	16	20	22	24	27	30
板宽 b	100	100	105	110	120	120

试件板面应平整，无油污，孔和板的边缘无飞边、毛刺。

4.0.5 钢结构涂料厚度检测报告

《钢结构涂料厚度检测报告》填写范例如下：

No. ××-2829

检 验 报 告

受检单位 ××建材有限公司

产品名称 室内超薄型钢结构防火涂料

检验类型 型式认可发证检验

×××质量监督检验中心

×××质量监督检验中心

检 验 报 告

No. ××-2829

产品名称	室内超薄型钢结构防火涂料
型号规格	NCB(GXC-601)
商标	七环
委托单位	公安部消防产品合格评定中心
生产单位	××防火材料有限责任公司
受检单位	××建材有限公司
抽样者	×××、×××
抽样地点	库房
抽样基数	1t
抽样日期	××年×月×日
送样者	×××
送样日期	××年×月×日
样品数量	60kg
样品编号	××-2829
检验类别	型式认可发证检验
检验依据	《钢结构防火涂料》GB 14907—2002
样品等级	空白
检验项目	全项
检验日期	××年×月×日至××年×月×日
检验地点	本中心内
检验结论	××防火材料有限责任公司送检的NCB(GXC-601)室内超薄型钢结构防火涂料(涂层厚度:2.19mm;耐火极限:大于120min),经按《钢结构防火涂料》GB 14907—2002检验,合格 (检验业务专用章) **签发日期:**××年×月×日
备注	

批准:×××　　**审核:**×××　　**编制:**×××

共4页 第1页

检验结果汇总

No. ××-2829

序号	检验项目名称	标准要求及标准条款号	实测结果	本项结论	备注
1	在容器中的状态	经搅拌后呈均匀细腻状态，无结块(5.2.1)	经搅拌后呈均匀细腻状态，无结块	合格	
2	干燥时间，表干	≤8h(5.2.1)	3h	合格	
3	外观与颜色	涂层干燥后，外观与颜色同样品相比应无明显差别(5.2.1)	涂层干燥后，同样品相比无明显差别	合格	
4	初期干燥抗裂性	不应出现裂纹(5.2.1)	无裂纹	合格	
5	粘结强度	≥0.20MPa(5.2.1)	0.71MPa	合格	
6	耐水性	≥24h(5.2.1)	浸泡24h，涂层无起层、发泡、脱落	合格	
7	耐冷热循环性	≥15次(5.2.1)	15次循环后，涂层无开裂、剥落、起沟	合格	
8	耐火性能	涂层厚度为(2.00±0.20)mm时，耐火极限不应小于1.0h。(5.2.1) 耐火极限判定：失去承载能力——钢梁的最大挠度达到$L_e/20$(L_e为钢梁跨度，mm)(6.5.6)	实测涂料层厚度为2.19mm，钢梁跨度5100mm。耐火试验进行120min，钢梁的最大挠度为239mm，未失去承载能力。 耐火极限大于2.0h	合格	涂料层含有防锈漆

共4页　第2页

照 片 页

No. ××-2829

（图略）

共 4 页 第 3 页

样 品 描 述

No. ××-2829

送检单位	××建材有限公司		
通讯地址	××市××区××路××号		
邮政编码	××××××	联系电话	×××××××

（图略）
（本页以下空白）

共4页 第4页

填写说明

1. 表格解析

（1）责任部门

有资质检测单位提供，试验员收集。

（2）提交时限

钢结构涂料涂装检验批验收前提交。

（3）资料归档

本表一式三份，由施工单位填写，施工单位、建设单位归档保存，监理单位过程保存。

2. 填写依据

（1）规范名称

1）《钢结构工程施工质量验收规范》GB 50205—2001。

2）《钢结构防水涂料应用技术规范》CECS 24：90。

（2）相关要求

钢结构工程所使用的防腐、防火涂料应作涂层厚度检验，其中防火涂层厚度应由有相应资质的检测单位出具的检测报告。

1）防腐涂料、涂装遍数、涂层厚度均应符合设计要求。当设计对涂层厚度无要求时，涂层干漆膜总厚度：室外应为150μm，其允许偏差为－25μm。每遍涂层干漆膜厚度的允许偏差为－5μm。检查数量：按构件数抽查10%，且同类构件不应少于3件。

2）薄涂型防火涂料的涂层厚度应符合有关耐火极限的设计要求。厚涂型防火涂料涂层的厚度，80%及以上面积应符合有关耐火极限的设计要求，且最薄处厚度不应低于设计要求的85%。检查数量：按同类构件数抽查10%，且均不应少于3件。

3）楼板和防火墙的防火涂层厚度测定，可先两相邻纵、横轴线相交中的面积为一个单元，在其对角线上，按每米长度选一点进行测试。

4）全钢框架结构的梁和柱的防火涂层厚度测定，在构件长度内每隔3m取一截面。

5）桁架结构，上弦和下弦按（2）款的规定每隔3m取一截面检测，其他腹杆每根取一截面检测。

Chapter 05

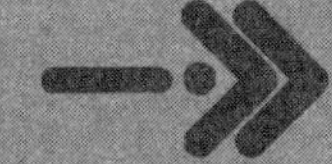

施工记录

5.0.1 施工检查记录（通用）

《施工检查记录》填写范例见表5-1。

施工检查记录（通用） 表5-1

<table>
<tr><td colspan="2">施工检查记录(通用)</td><td>资料编号</td><td colspan="2"></td></tr>
<tr><td>工程名称</td><td>××工程</td><td>检查项目</td><td colspan="2">钢构件安装</td></tr>
<tr><td>检查部位</td><td>三层①～⑫/Ⓑ～Ⓚ轴墙体</td><td>检查日期</td><td colspan="2">××年×月×日</td></tr>
<tr><td colspan="5">检查依据：
1. 施工图纸:结施1、结施5。
2.《钢结构施工质量验收规范》GB 50205—2001</td></tr>
<tr><td colspan="5">检查内容：
①～⑫/Ⓑ～Ⓚ轴钢柱安装现场焊接施工的焊缝质量</td></tr>
<tr><td colspan="5">检查结论：
①～⑫/Ⓑ～Ⓚ轴钢柱焊接位置处焊接前较清洁、焊后接缝处焊缝良好。经实测,符合规范要求</td></tr>
<tr><td colspan="5">复查意见：
复查人： 复查日期： 年 月 日</td></tr>
<tr><td colspan="2">施工单位</td><td colspan="3">北京××建筑有限公司</td></tr>
<tr><td colspan="2">专业技术负责人</td><td colspan="2">专业质检员</td><td>专业工长</td></tr>
<tr><td colspan="2">×××</td><td colspan="2">×××</td><td>×××</td></tr>
</table>

注：本表由施工单位填写。

填写说明

1. 责任部门

项目工程部、项目技术部。

2. 相关规定及要求

按照现行规范要求应进行施工检查的重要工序，且无相应施工记录表格的，应填写本表，本表适用于各专业。对于施工过程中影响质量、观感、安装、人身安全的工序，尤其是建筑与结构工程中的砌筑工程、装饰装修工程等应在过程中做好过程控制检查并填写本表。

3. 填写与主要签认责任

质检员、工长。

4. 提交时限

检查合格后 1d 内完成，检验批验收前提交。

5.0.2 整体（焊接后）垂直度、平面弯曲实例

《整体（焊接后）垂直度、平面弯曲实例》填写范例见表 5-2。

施工测量成果表 **表 5-2**

<table>
<tr><td colspan="2">施工测量成果表</td><td>资料编号</td><td></td></tr>
<tr><td>工程名称</td><td>××工程</td><td>测量部位</td><td>A 栋钢柱整体垂直度偏差㉔/Ⓖ，㉚/Ⓖ，㉚/Ⓐ轴</td></tr>
<tr><td>施工单位</td><td>××钢结构安装公司</td><td>日期</td><td>××年×月×日</td></tr>
<tr><td colspan="4">示意图
24/G　24/G　30/G　30/G　30/A　30/A</td></tr>
<tr><td>备注</td><td colspan="3">说明：
1. 本成果为 A 栋外框架钢柱焊接后垂直度偏差结果；
2. 单位：mm</td></tr>
<tr><td>质检员</td><td>×××</td><td>工长</td><td>×××</td></tr>
<tr><td>施测人</td><td>×××</td><td></td><td></td></tr>
</table>

续表

施工测量成果表		资料编号	
工程名称	××工程	测量部位	A栋钢柱整体侧面弯曲矢高偏差Ⓐ/㉘～㉚，Ⓖ/㉔～㉚，Ⓐ～Ⓖ/㉚，Ⓔ～Ⓖ/㉔轴，T12节柱，高+88。800m，Ⓐ/㉔～㉗，Ⓐ～Ⓒ/㉔，T5节柱，高+38.900m
施工单位	××钢结构安装公司	日期	××年×月×日

示意图

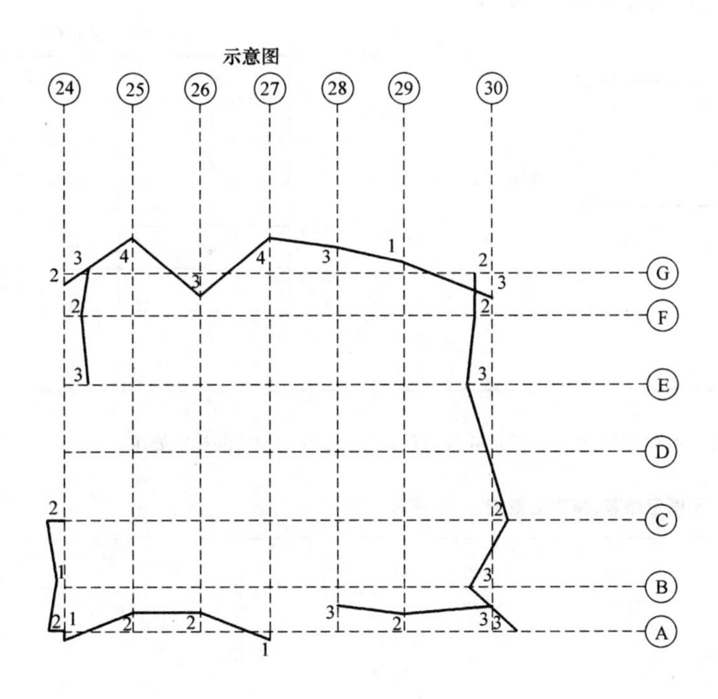

备注	说明： 1. 本成果为A栋外框架钢柱焊接后侧面弯曲矢高偏差结果； 2. 单位：mm				
质检员	×××	工长	×××	施测人	×××

5.0.3 隐蔽工程验收记录

《隐蔽工程验收记录》填写范例见表 5-3。

隐蔽工程验收记录 **表 5-3**

工程名称	××工程	资料编号	
隐检项目	钢结构	隐检日期	××年×月×日
隐检部位	二层　楼板底梁节点　③～⑨轴线　　7.200m 标高		

隐检依据：施工图号结施 9　技术交底记录，**设计变更/洽商/技术核定单（编号　/　）及有关现行国家标准等。**

主要材料名称及规格/型号：主梁钢材为 HPB235 GL-210 工字钢 420×200×8×3；次梁钢材为 HPB235 GL-X2 工字钢 300×150×6.5×9

隐检内容：

1. 钢结构用高强度螺栓的产品合格证、检测报告；
2. 采用高强度螺栓公称直径 16mm，螺栓孔直径 17.5m，位置③轴右 3m 处；
3. 按先紧固后焊接的施工工艺顺序进行，紧固牢固可靠；
4. 主梁与次梁安装的表面高差。GB 50205—2001 规范的允许偏差为 $\Delta=\pm 2mm$。

经检查，实测 5 点，全部符合要求，请求验收

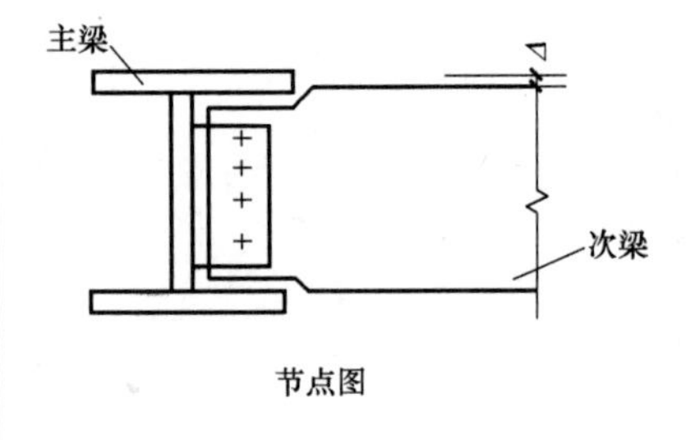

节点图

测点记录值

测点	允许偏差±2mm
1#	1.5
2#	1.8
3#	1.2
4#	0.9
5#	1.0

申报人：×××

检查结论：

以上项目均符合设计要求和《钢结构工程质量验收规范》GB 50205—2001 的规定要求

☑同意隐蔽　　☐不同意隐蔽，修改后复查

复查结论：

复查人：　　　　**复查日期：**

<table>
<tr><td rowspan="3">签字栏</td><td rowspan="2">施工单位</td><td rowspan="2">××钢结构专业有限公司</td><td>专业技术负责人</td><td>专业质检员</td><td>专业工长</td></tr>
<tr><td>×××</td><td>×××</td><td>×××</td></tr>
<tr><td>监理（建设）单位</td><td colspan="2">××工程建设监理有限公司</td><td>专业工程师</td><td>×××</td></tr>
</table>

续表

<table>
<tr><td>工程名称</td><td>××工程</td><td>资料编号</td><td></td></tr>
<tr><td>隐检项目</td><td>钢结构焊缝</td><td>隐检日期</td><td>××年×月×日</td></tr>
<tr><td>隐检部位</td><td colspan="3">一层钢梁柱角焊缝　①～⊗/Ⓐ～⊗轴线　　××标高</td></tr>
<tr><td colspan="4">隐检依据：施工图号＿＿结施××＿＿，设计变更/洽商/技术核定单（编号＿＿/＿＿）及有关现行国家标准等。
主要材料名称及规格/型号：＿＿×××＿＿</td></tr>
<tr><td colspan="4">隐检内容：
焊缝外观质量项目（未焊满，根部收缩、咬边、弧坑裂纹、电弧擦伤、接头不良、表面夹渣、表面气孔等）符合《钢结构工程施工质量验收规范》GB 50205—2001附录A及设计的要求。
焊缝长度尺寸允许偏差均在2mm以内，符合要求。
焊缝外观达到外形均匀、成型较好，焊道与焊道、焊道与基体金属间过渡较平滑，焊渣与飞溅物基本清除干净</td></tr>
<tr><td colspan="4">检查结论：
经检查，符合设计要求和《钢结构工程施工质量验收规范》GB 50205—2001的规定

☑同意隐蔽　　□不同意隐蔽，修改后复查</td></tr>
<tr><td colspan="4">复查结论：

复查人：　　　　　　　　　　复查日期：</td></tr>
</table>

<table>
<tr><td rowspan="3">签字栏</td><td rowspan="2">施工单位</td><td rowspan="2">××钢结构专业有限公司</td><td>专业技术负责人</td><td>专业质检员</td><td>专业工长</td></tr>
<tr><td>×××</td><td>×××</td><td>×××</td></tr>
<tr><td>监理（建设）单位</td><td colspan="2">××工程建设监理有限公司</td><td>专业工程师</td><td>×××</td></tr>
</table>

续表

<table>
<tr><td>工程名称</td><td>××工程</td><td>资料编号</td><td colspan="3"></td></tr>
<tr><td>隐检项目</td><td>紧固件连接</td><td>隐检日期</td><td colspan="3">××年×月×日</td></tr>
<tr><td>隐检部位</td><td colspan="5">一层楼板底梁节点层 ①～⑫/Ⓐ～Ⓗ轴线 ××标高</td></tr>
<tr><td colspan="6">隐检依据：施工图号 结施-3，结施-4 ，设计变更/洽商/技术核定单（编号 / ）及有关现行国家标准等。
主要材料名称及规格/型号： 主梁钢材、次梁钢材、工字钢</td></tr>
<tr><td colspan="6">隐检内容：
1. 采用高强度螺栓公称直径16mm，螺栓孔直径17.5m，位置③轴右3m处；
2. 按先紧固后焊接的施工工艺顺序进行，紧固牢固可靠；
3. 主梁与次梁安装的表面高差符合GB 50205—2001规范要求。
隐检内容已做完，请予以检查

申报人：×××</td></tr>
<tr><td colspan="6">检查结论：
经检查，现场施工情况与隐蔽内容相符，并符合设计要求和《钢结构工程质量验收规范》GB 50205—2011的规定要求

☑同意隐蔽 □不同意隐蔽，修改后复查</td></tr>
<tr><td colspan="6">复查结论：

复查人： 复查日期：</td></tr>
<tr><td rowspan="3">签字栏</td><td rowspan="2">施工单位</td><td rowspan="2">××钢结构专业有限公司</td><td>专业技术负责人</td><td>专业质检员</td><td>专业工长</td></tr>
<tr><td>×××</td><td>×××</td><td>×××</td></tr>
<tr><td>监理（建设）单位</td><td colspan="2">××工程建设监理有限公司</td><td>专业工程师</td><td>×××</td></tr>
</table>

续表

<table>
<tr><td>工程名称</td><td colspan="3">××工程</td><td>资料编号</td><td></td></tr>
<tr><td>隐检项目</td><td colspan="3">钢结构防火涂料涂装</td><td>隐检日期</td><td>××年×月×日</td></tr>
<tr><td>隐检部位</td><td colspan="5">A楼F4层Ⓐ～Ⓖ/㉔～㉚轴及A轴以西、G轴以东悬挑，标高＋18.400m</td></tr>
<tr><td colspan="6">隐检依据：施工图号 结总1、结总2 ，设计变更/洽商/技术核定单（编号 / ）及有关现行国家标准等。
主要材料名称及规格/型号： 厚型防火涂料ZA-9802
梁18mm/×××</td></tr>
<tr><td colspan="6">隐检内容：
1. 防火涂料外观检查均匀，稠后流体、无结块；
2. 防火涂料涂装前钢材表面除锈及防锈底漆喷涂符合设计要求和国家现行有关标准的规定；
3. 构件间的间隙用同种材料已添补修平；
4. 施工温度大于5℃，相对湿度小于90％；
5. 涂料层与钢基层粘接牢固，无误涂、漏涂、涂层闭合无脱层、空鼓，明显凹隐、粉化松散和浮浆等外观缺陷，乳突已剔除；
6. 涂层厚度符合DBJ 01-616—2004要求，粘结强度和抗压强度复试合格。涂装质量符合《钢结构工程质量验收规范》GB 50205—2001及CECS24：90的要求

申报人：×××</td></tr>
<tr><td colspan="6">检查结论：
符合施工规范和设计要求，同意进行下道工序施工

☑同意隐蔽　　□不同意隐蔽，修改后复查</td></tr>
<tr><td colspan="6">复查结论：

复查人：　　　　复查日期：</td></tr>
<tr><td rowspan="3">签字栏</td><td rowspan="2">施工单位</td><td rowspan="2">××钢结构专业有限公司</td><td>专业技术负责人</td><td>专业质检员</td><td>专业工长</td></tr>
<tr><td>×××</td><td>×××</td><td>×××</td></tr>
<tr><td>监理（建设）单位</td><td colspan="2">××工程建设监理有限公司</td><td>专业工程师</td><td>×××</td></tr>
</table>

【填写说明】

（1）验收内容。依据施工图纸、有关施工验收规范要求和施工方案、技术交底，检查地脚螺栓规格、位置、埋设方法、紧固情况等；防火涂料涂装基层的涂料遍数及涂层厚度；网架焊接球节点的连接方式、质量情况；网架支座锚栓的位置、支撑垫块的种类及锚栓的紧固情况等。

（2）填写要点。钢结构（网架）工程隐蔽工程验收记录中要注明施工图纸编号、主要材料的型号规格、主要原材料的复试报告编号，并将检查内容描述清楚。

5.0.4　交接检查记录

《交接检查记录》填写范例见表 5-4。

交接检查记录　　　　表 5-4

工程名称	××大厦 A 栋	资料编号	
		检查日期	××年×月×日
移交单位	××钢结构安装公司	见证单位	××工程建设监理有限公司
交接部位	Ⓜ～Ⓡ/⑰轴　F03～F11 层	接收单位	××幕墙公司

交接内容：

中庭钢柱钢梁安装焊接完成，钢管柱安装标高，轴线位置，垂直度合格，可以交与幕墙施工。单节柱垂直度偏差不大于 10mm，柱整体垂直度不大于 35mm。见《钢结构工程施工质量验收规范》GB 50205—2001 第 84 页

检查结论：

经移交、接收和见证三方单位共同检查；

钢管柱安装标高，轴线位置、垂直度合格

符合设计要求和《钢结构工程质量验收规范》GB 50205—2001 规定，验收合格，同意移交

复查结论（由接收单位填写）：

复查人：　　　　**复查日期：**

见证单位意见：

以上情况属实，同意交接

签字栏	移交单位	接收单位	见证单位
	×××	×××	×××

5.0.5 钢结构焊缝外观检查记录

钢结构焊缝外观检查记录见表 5-5。

钢结构焊缝外观检查记录 **表 5-5**

<table>
<tr><td colspan="2">工程名称</td><td colspan="3">××工程</td><td colspan="3">构件名称、编号</td><td colspan="6">钢梁 BH550×250×8×12
编号:GL1～GL4</td><td colspan="3">施工单位</td><td colspan="3">××钢结构工程有限公司</td></tr>
<tr><td rowspan="2">序号</td><td rowspan="2">焊接日期</td><td rowspan="2">焊缝编号</td><td rowspan="2">焊工代号</td><td rowspan="2">焊缝长度(mm)</td><td colspan="2">裂纹</td><td rowspan="2">焊瘤</td><td colspan="2">气孔</td><td colspan="2">夹渣</td><td rowspan="2">电弧擦伤</td><td colspan="2">接头不良</td><td colspan="2">未焊满和根部收缩</td><td colspan="3">咬边</td></tr>
<tr><td>长度</td><td>数量</td><td>直径</td><td>数量</td><td>深度</td><td>长度</td><td>深度</td><td>数量</td><td>深度</td><td>长度</td><td>深度</td><td>连续长度</td><td>两侧总长度</td></tr>
<tr><td>1</td><td>××年×月×日</td><td>a</td><td>××</td><td>250</td><td>无</td><td>无</td><td>无</td><td>无</td><td>无</td><td>无</td><td>无</td><td>无</td><td>无</td><td>无</td><td>无</td><td>无</td><td>无</td><td>无</td><td>无</td></tr>
<tr><td>2</td><td>××年×月×日</td><td>b</td><td>××</td><td>250</td><td>无</td><td>无</td><td>无</td><td>无</td><td>无</td><td>无</td><td>无</td><td>无</td><td>无</td><td>无</td><td>无</td><td>无</td><td>无</td><td>无</td><td>无</td></tr>
<tr><td>3</td><td>××年×月×日</td><td>c</td><td>××</td><td>250</td><td>无</td><td>无</td><td>无</td><td>无</td><td>无</td><td>无</td><td>无</td><td>无</td><td>无</td><td>无</td><td>无</td><td>无</td><td>无</td><td>无</td><td>无</td></tr>
<tr><td>4</td><td>××年×月×日</td><td>d</td><td>××</td><td>250</td><td>无</td><td>无</td><td>无</td><td>无</td><td>无</td><td>无</td><td>无</td><td>无</td><td>无</td><td>无</td><td>无</td><td>无</td><td>无</td><td>无</td><td>无</td></tr>
<tr><td></td><td></td><td></td><td></td><td></td><td></td><td></td><td></td><td></td><td></td><td></td><td></td><td></td><td></td><td></td><td></td><td></td><td></td><td></td><td></td></tr>
<tr><td></td><td></td><td></td><td></td><td></td><td></td><td></td><td></td><td></td><td></td><td></td><td></td><td></td><td></td><td></td><td></td><td></td><td></td><td></td><td></td></tr>
<tr><td></td><td></td><td></td><td></td><td></td><td></td><td></td><td></td><td></td><td></td><td></td><td></td><td></td><td></td><td></td><td></td><td></td><td></td><td></td><td></td></tr>
<tr><td></td><td></td><td></td><td></td><td></td><td></td><td></td><td></td><td></td><td></td><td></td><td></td><td></td><td></td><td></td><td></td><td></td><td></td><td></td><td></td></tr>
<tr><td></td><td></td><td></td><td></td><td></td><td></td><td></td><td></td><td></td><td></td><td></td><td></td><td></td><td></td><td></td><td></td><td></td><td></td><td></td><td></td></tr>
<tr><td>检查结论</td><td colspan="19">钢梁所检项目符合《钢结构工程施工质量验收规范》GB 50205—2001 的要求</td></tr>
<tr><td>施工单位</td><td colspan="6">项目技术负责人:×××
记录人:×××
××年×月×日</td><td>监理(建设)单位</td><td colspan="6">监理工程师(建设单位代表):×××
××年×月×日</td><td>其他单位</td><td colspan="5">代表:×××
××年×月×日</td></tr>
</table>

5.0.6 钢结构焊缝尺寸检查记录

钢结构焊缝尺寸检查记录见表 5-6。

钢结构焊缝尺寸检查记录 **表 5-6**

工程名称	××大厦			构件名称、编号		钢梁 GL2	施工单位	××钢结构工程有限公司	
序号	焊缝编号	焊工代号	焊缝等级	焊缝焊脚尺寸(mm)			焊缝余高和错边(mm)		
				一般全焊缝的角接与对接组合焊缝	需经疲劳验算的全焊透角接与对接组合焊缝	角焊缝及部分焊透的角接与对接组合焊缝	对接焊接余高	对接焊缝错边	角焊缝余高
1	01	××	Ⅱ级			8.0			6.5
2	02	××	Ⅱ级			8.3			7.0
3	03	××	Ⅱ级			8.2			6.8
4	04	××	Ⅱ级			8.3			7.0
检查结论	焊脚尺寸、角焊缝余高的检测值在允许偏差范围内，符合《钢结构工程施工质量验收规范》GB 50205—2001 的要求								
施工单位	项目技术负责人：××× 记录人：××× ××年×月×日			监理（建设）单位	监理工程师（建设单位代表）：××× ××年×月×日		其他单位	代表： 年 月 日	

5.0.7 高强度大六角头螺栓施工检查记录

高强度大六角头螺栓施工检查记录见表 5-7。

大六角头高强度螺栓施工检查记录 **表 5-7**

工程名称	××大夏	连接构件名称	钢梁	施工单位	××钢结构工程有限公司

抽查节点					连接摩擦面质量	螺栓穿孔质量	连接接头外观质量			施拧扭矩值（N·m）				大六角头终拧质量				扭矩扳手质量		初、终拧标记	
部位	数量	螺栓					穿入方向	螺栓露长（mm）	垫圈方向	扭矩系数复试平均值 *K*	初拧	复拧	终拧	小锤逐只敲击质量检查	松扣、回扣检查			定期标定记录	班前班后检查记录	初拧	终拧
		等级	规格	数量（套）											检查扭矩值	偏差值（%）	检查结果				
GL1		10.9s	M22×75	8	符合要求	符合要求	正确	4	正确	0.131	0.29	0.46	0.58	合格	合格	0.7	合格	齐全	齐全	正确	正确
GL2		10.9s	M22×75	8	符合要求	符合要求	正确	4	正确	0.126	0.28	0.45	0.56	合格	合格	0.6	合格	齐全	齐全	正确	正确
GL3		10.9s	M22×75	8	符合要求	符合要求	正确	4	正确	0.140	0.30	0.48	0.60	合格	合格	0.8	合格	齐全	齐全	正确	正确

检查结论	经检查，符合《钢结构工程施工质量验收规范》GB 50205—2001 要求				
施工单位	项目技术负责人：××× 记录人：××× ××年×月×日	监理（建设）单位	监理工程师（建设单位代表）：××× ××年×月×日	其他单位	代表： 年 月 日

【填写说明】

高强度大六角头螺栓连接副的紧固程序和顺序与扭剪型高强度螺栓连接副相同。

1. 扭矩法施工

扭矩法是根据施加在螺母上的紧固扭矩与导入螺栓中的预拉力之间有一定关系的原理，以控制扭矩来控制预拉力的方法。紧固扭矩和预应力的关系可由下式表示：

$$M_k = K \cdot d \cdot P$$

式中 M_k——施加于螺母的紧固扭矩（N·m）；

K——扭矩系数；

d——螺栓公称直径（mm）；

P——预拉力（kN）。

由此可知，当扭矩系数确定后，由于预拉力可由设计规定，则施加在螺母上的扭矩就很容易计算确定。高强度螺栓紧固后，螺栓在高应力下工作，由于蠕变原因，随时间的变化，预拉力会产生一定的损失，预拉力损失最初一天内发展较快，其后则进行缓慢。为补偿这种损失，保证其预拉力在正常使用阶段不低于设计值，在计算施工扭矩时，将螺栓设计预拉力提高 10%，并以此计算施工扭矩值。

2. 转角法施工

众所周知，螺杆的内力与其弹性伸长量成正比，因此利用螺母旋转角度以控制螺杆弹性伸长量来控制螺栓预拉力是可行的，此方法即为转角法施工。

高强度螺栓转角法施工分初拧和终拧两步进行，初拧的目的是为消除板缝影响，始终拧创造一个大体一致的基础，初拧扭矩一般为终拧扭矩的 50%为宜，原则是板缝密贴为准。转角法施工的工艺顺序如下：

1）初拧：按规定的初拧扭矩值，从节点或栓群中心顺序向外拧紧螺栓，并采用小锤敲击法检查，防止漏拧；

2）划线：初拧后对螺栓逐个进行划线；

3）终拧：用板手使螺母再旋转一个额定角度，并划线；

4）检查：检查终拧角度是否达到规定的角度；

5）标记：对已终拧的螺栓用色笔作出明显的标记，以防漏拧或重拧。

在转角法施工中，确定终拧角度值非常关键，终拧角度值与螺栓直径，连接厚度相关，一般应在试验室利用轴力计进行终拧角度值的测试，见图 5-1。

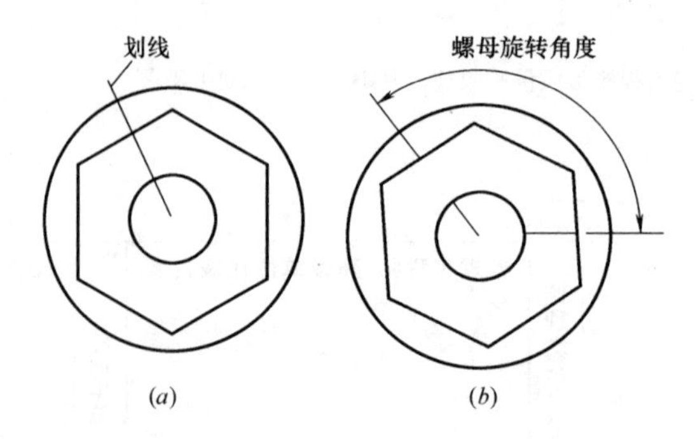

图 5-1 转角施工方法示意图

5.0.8 扭剪型高强度螺栓施工检查记录

扭剪型高强度螺栓施工检查记录见表 5-8。

扭剪型高强度螺栓施工检查记录　　　　表 5-8

工程名称	××大厦					连接构件名称				钢梁		施工单位		××钢结构工程有限公司				
抽查节点					连接摩擦面质量	螺栓穿孔质量	连接接头外观质量			初拧扭矩(N·m)	螺栓梅花头未在终拧中拧掉数及处理结果							
部位	数量	螺栓									未拧断梅花头螺栓数量(只)	扭矩扳手施拧扭矩值(N·m)		终拧质量检查		初、终拧标记		扳手标定记录
		等级	规格	数量(套)			螺栓穿入方向	螺栓露长(mm)	垫圈方向			初拧	终拧	小锤逐只敲检	松扣、回扣检查	初拧	终拧	
GL5		10.9s	M24×75	8	符合要求	符合要求	正确	4	正确	0.29		0.29	0.58	合格	合格	正确	正确	符合要求
GL6		10.9s	M24×75	8	符合要求	符合要求	正确	4	正确	0.28		0.28	0.57	合格	合格	正确	正确	符合要求
GL7		10.9s	M24×75	8	符合要求	符合要求	正确	4	正确	0.29		0.29	0.58	合格	合格	正确	正确	符合要求
检查结论	经检查，符合《钢结构工程施工质量验收规范》GB 50205—2001 的要求																	
施工单位	项目技术负责人：××× 记录人：××× ××年×月×日						监理（建设）单位	监理工程师（建设单位代表）：××× ××年×月×日					其他单位	代表： 年　月　日				

【填写说明】

扭剪型高强度螺栓分初拧和终拧二次紧固，大型节点要增加一次复拧。初拧和终拧应按照一定的紧固顺序进行，原则是从接头刚度较大的部位向约束较小的方向顺序进行，具体为：

（1）一般接头应从接头中心顺序向两端进行，见图 5-2 所示。

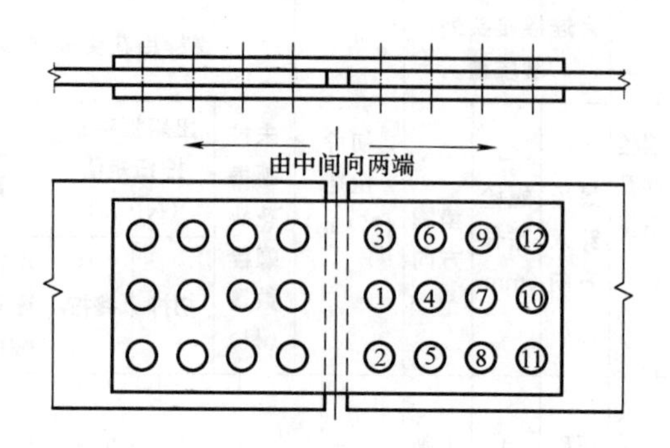

图 5-2　一般接头紧固顺序

（2）箱形接头应按图 5-3 所示 A、B、C、D 的顺序进行。

（3）工字梁接头栓群应按图 5-4 所示①～⑥顺序进行。

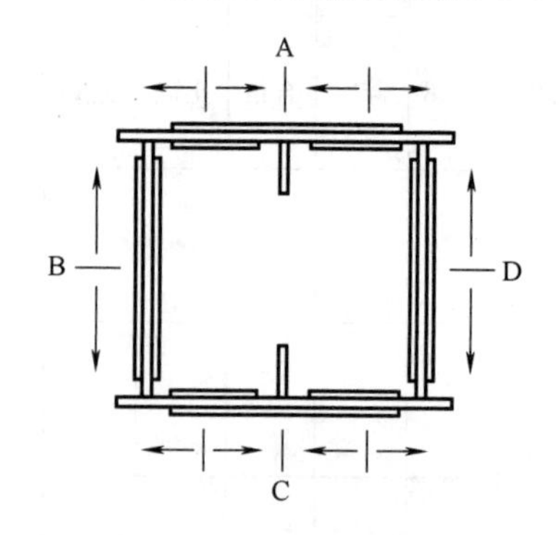

图 5-3　箱形接头紧固顺序

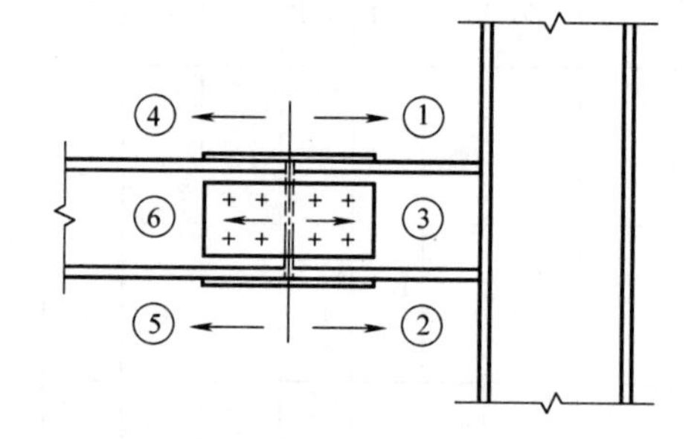

图 5-4　工字梁接头栓群紧固顺序

（4）工字形柱对接螺栓紧固顺序为先翼缘后腹板。

（5）两个接头栓群的拧紧顺序应为先主要构件接头，后次要构件接头。

为了防止损伤高强度螺栓的螺纹引起扭矩系数变化，结构安装时必须先使用冲钉和临时螺栓，待结构安装精度调整达到标准规定后，方准更换螺栓，高强度螺栓应能自由穿入栓孔内，不准强行敲打。如不能自由穿入，应采用铰刀或锉刀修整栓孔，严禁采用火焰切割扩孔。

垫圈有圆角（倒角）的一面应与螺母（螺栓头）接触，螺母有凸台的一面应与垫圈接触，不得装反。终拧时梅花头打滑的螺栓应更换。

对因构造原因或其他原因，无法使用专用板手终拧掉梅花头者，应采用扭矩法或转角法进行终拧并作标记。

在整个施工过程中，应保持摩擦面和连接副处于干燥状态，紧固作业完成并检查确认完毕，及时用防锈（防腐）涂料封闭。

5.0.9 钢结构防腐涂料涂层厚度检查记录

钢结构防腐涂料涂层厚度检查记录见表 5-9。

钢结构防腐涂料涂层厚度检查记录 表 5-9

<table>
<tr><td colspan="2">工程名称</td><td colspan="3">××工程</td><td colspan="3">施工单位</td><td colspan="4">××钢结构工程有限公司</td><td colspan="3">构件名称</td><td colspan="2">钢梁</td><td colspan="3">平漆膜厚度(mm)</td><td colspan="3">125</td></tr>
<tr><td rowspan="3">序号</td><td rowspan="3">构件编号</td><td colspan="20">干漆膜厚度检测值[每一个构件测 5 处,每处测三个相距 50mm 测点的平均值(mm)]</td><td rowspan="3">备注</td></tr>
<tr><td colspan="4">第一测处</td><td colspan="4">第二测处</td><td colspan="4">第三测处</td><td colspan="4">第四测处</td><td colspan="4">第五测处</td></tr>
<tr><td colspan="3">每测点值</td><td>平均值</td><td colspan="3">每测点值</td><td>平均值</td><td colspan="3">每测点值</td><td>平均值</td><td colspan="3">每测点值</td><td>平均值</td><td colspan="3">每测点值</td><td>平均值</td></tr>
<tr><td>1</td><td>GL1</td><td>110</td><td>115</td><td>115</td><td>113</td><td>120</td><td>115</td><td>120</td><td>118</td><td>110</td><td>110</td><td>115</td><td>112</td><td>115</td><td>120</td><td>120</td><td>118</td><td>110</td><td>105</td><td>110</td><td>108</td><td></td></tr>
<tr><td>2</td><td>GL2</td><td>110</td><td>120</td><td>115</td><td>115</td><td>115</td><td>115</td><td>120</td><td>117</td><td>120</td><td>120</td><td>110</td><td>117</td><td>105</td><td>105</td><td>110</td><td>107</td><td>120</td><td>115</td><td>120</td><td>118</td><td></td></tr>
<tr><td>3</td><td>GL3</td><td>120</td><td>120</td><td>115</td><td>118</td><td>115</td><td>115</td><td>110</td><td>113</td><td>120</td><td>110</td><td>110</td><td>113</td><td>115</td><td>115</td><td>110</td><td>113</td><td>110</td><td>115</td><td>110</td><td>112</td><td></td></tr>
<tr><td></td><td></td><td></td><td></td><td></td><td></td><td></td><td></td><td></td><td></td><td></td><td></td><td></td><td></td><td></td><td></td><td></td><td></td><td></td><td></td><td></td><td></td><td></td></tr>
<tr><td></td><td></td><td></td><td></td><td></td><td></td><td></td><td></td><td></td><td></td><td></td><td></td><td></td><td></td><td></td><td></td><td></td><td></td><td></td><td></td><td></td><td></td><td></td></tr>
<tr><td></td><td></td><td></td><td></td><td></td><td></td><td></td><td></td><td></td><td></td><td></td><td></td><td></td><td></td><td></td><td></td><td></td><td></td><td></td><td></td><td></td><td></td><td></td></tr>
<tr><td></td><td></td><td></td><td></td><td></td><td></td><td></td><td></td><td></td><td></td><td></td><td></td><td></td><td></td><td></td><td></td><td></td><td></td><td></td><td></td><td></td><td></td><td></td></tr>
<tr><td></td><td></td><td></td><td></td><td></td><td></td><td></td><td></td><td></td><td></td><td></td><td></td><td></td><td></td><td></td><td></td><td></td><td></td><td></td><td></td><td></td><td></td><td></td></tr>
<tr><td></td><td></td><td></td><td></td><td></td><td></td><td></td><td></td><td></td><td></td><td></td><td></td><td></td><td></td><td></td><td></td><td></td><td></td><td></td><td></td><td></td><td></td><td></td></tr>
<tr><td>检查结论</td><td colspan="22">经检查,钢梁防腐涂料涂层厚度符合《钢结构工程施工质量验收规范》GB 50205—2001 的要求</td></tr>
<tr><td>施工单位</td><td colspan="7">项目技术负责人:×××
记录人:×××
××年×月×日</td><td>监理(建设)单位</td><td colspan="7">监理工程师(建设单位代表):×××
××年×月×日</td><td>其他单位</td><td colspan="6">代表:
年 月 日</td></tr>
</table>

5.0.10 钢结构防火涂料涂层厚度检查记录

《钢结构防火涂料涂层厚度检查记录》填写范例及说明见表 5-10。

钢结构防火涂料涂层厚度检查记录 表 5-10

<table>
<tr><td colspan="2">工程名称</td><td colspan="4">××工程</td><td colspan="3">施工单位</td><td colspan="4">××钢结构工程有限公司</td></tr>
<tr><td colspan="2">耐火等级/h</td><td colspan="2">0.5～3</td><td colspan="3">涂层厚度(mm)</td><td colspan="2">20</td><td colspan="2">涂层遍数</td><td colspan="2">3</td></tr>
<tr><td>序号</td><td>构件编号</td><td colspan="10">检测值(mm)</td><td>平均值</td></tr>
<tr><td>1</td><td>GL1</td><td>20.2</td><td>20.3</td><td>20.4</td><td></td><td></td><td></td><td></td><td></td><td></td><td></td><td>20.3</td></tr>
<tr><td>2</td><td>GL2</td><td>20.1</td><td>20.0</td><td>19.8</td><td></td><td></td><td></td><td></td><td></td><td></td><td></td><td>20.0</td></tr>
<tr><td>3</td><td>GL3</td><td>20.2</td><td>20.4</td><td>20.2</td><td></td><td></td><td></td><td></td><td></td><td></td><td></td><td>20.3</td></tr>
<tr><td>4</td><td>GZ1</td><td>20.2</td><td>20.3</td><td>20.4</td><td></td><td></td><td></td><td></td><td></td><td></td><td></td><td>20.3</td></tr>
<tr><td>5</td><td>GZ2</td><td>19.8</td><td>20.3</td><td>20.2</td><td></td><td></td><td></td><td></td><td></td><td></td><td></td><td>20.1</td></tr>
<tr><td>6</td><td>GZ3</td><td>20.1</td><td>20.3</td><td>20.4</td><td></td><td></td><td></td><td></td><td></td><td></td><td></td><td>20.3</td></tr>
<tr><td></td><td></td><td></td><td></td><td></td><td></td><td></td><td></td><td></td><td></td><td></td><td></td><td></td></tr>
<tr><td></td><td></td><td></td><td></td><td></td><td></td><td></td><td></td><td></td><td></td><td></td><td></td><td></td></tr>
<tr><td></td><td></td><td></td><td></td><td></td><td></td><td></td><td></td><td></td><td></td><td></td><td></td><td></td></tr>
<tr><td></td><td></td><td></td><td></td><td></td><td></td><td></td><td></td><td></td><td></td><td></td><td></td><td></td></tr>
<tr><td></td><td></td><td></td><td></td><td></td><td></td><td></td><td></td><td></td><td></td><td></td><td></td><td></td></tr>
<tr><td></td><td></td><td></td><td></td><td></td><td></td><td></td><td></td><td></td><td></td><td></td><td></td><td></td></tr>
<tr><td></td><td></td><td></td><td></td><td></td><td></td><td></td><td></td><td></td><td></td><td></td><td></td><td></td></tr>
<tr><td>检查结论</td><td colspan="12">经检查，防火涂料涂层厚度符合设计要求</td></tr>
<tr><td>施工单位</td><td colspan="3">项目技术负责人：×××
记录人：×××
××年×月×日</td><td>监理(建设)单位</td><td colspan="4">监理工程师(建设单位代表)：×××
××年×月×日</td><td>其他单位</td><td colspan="3">代表：
年 月 日</td></tr>
</table>

【填写说明】

薄涂型防火涂料涂层表面裂纹宽度不应大于0.5mm，涂层厚度应符合有关耐火极限的设计要求；厚涂型防火涂料涂层表面裂纹宽度不应大于1mm，其涂层厚度应有80%以上的面积符合耐火极限的设计要求，且最薄处厚度不应低于设计要求的85%。防火涂料涂层厚度测定方法如下：

（1）测针（厚度测量仪）。测针由针杆和可滑动的圆盘组成，圆盘始终保持与针杆垂直，并在其上装有固定装置，圆盘直径不大于30mm，以保证完全接触被测试件的表面。如果厚度测量仪不易插入被插材料中，也可使用其他适宜的方法测试。

测试时，将测厚探针垂直插入防火涂层直至钢基材表面上，记录标尺读数（图5-5）。

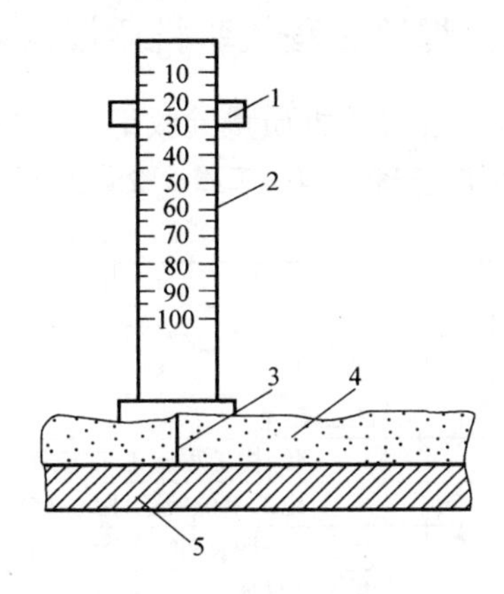

图5-5 测厚度示意图

1—标尺；2—刻度；3—测针；4—防火涂层；5—钢基材

（2）测点选定

1）楼板和防火墙的防火涂层厚度测定，可选两相邻纵、横轴线相交中的面积为一个单元，在其对角线上，按每米长度选一点进行测试。

2）全钢框架结构的梁和柱的防火层厚度测定，在构件长度内每隔3m取一截面。

3）桁架结构的上弦和下弦每隔3m取一截面检测，其他腹杆每根取一截面检测。

（3）测量结果：对于楼板和墙面，在所选择的面积中，至少测出5个点；对于梁和柱在所选择的位置中，分别测出6个和8个点。分别计算出它们的平均值，精确到0.5mm。

Chapter 06

质量验收记录

6.0.1 钢结构制作（安装）焊接工程检验批质量验收记录

《钢结构制作（安装）焊接工程检验批质量验收记录》填写范例及说明见表 6-1。

钢结构制作（安装）焊接工程检验批质量验收记录　　表 6-1

GB 50205—2001 (1)　010901□□□　020401☒☒☒

<table>
<tr><td colspan="3">工程名称</td><td colspan="4">××工程</td></tr>
<tr><td colspan="3">分项工程名称</td><td>钢结构焊接</td><td>验收部位</td><td colspan="2">1层大厅①～⑨/Ⓐ～Ⓕ轴</td></tr>
<tr><td colspan="2">施工总承包单位</td><td>××钢结构工程有限公司</td><td>项目经理</td><td>×××</td><td>专业工长</td><td>×××</td></tr>
<tr><td colspan="2">专业承包单位</td><td>/</td><td>项目经理</td><td>/</td><td>施工班组长</td><td>/</td></tr>
<tr><td colspan="3">施工执行标准名称及编号</td><td colspan="4">钢结构工程施工工艺标准(QB×××—××)</td></tr>
<tr><td colspan="4">施工质量验收规范的规定</td><td colspan="2">施工单位检查评定记录</td><td>监理/建设单位验收记录</td></tr>
<tr><td rowspan="8">主控项目</td><td>1</td><td>焊接材料品种、规格</td><td>第 4.3.1 条</td><td colspan="2">有合格证明文件,符合设计要求</td><td rowspan="8">焊接材料质量及复验结果、焊接工程质量符合规范要求</td></tr>
<tr><td>2</td><td>焊接材料复验</td><td>第 4.3.2 条</td><td colspan="2">有见证复验报告(编号:××),符合设计要求</td></tr>
<tr><td>3</td><td>材料匹配</td><td>第 5.2.1 条</td><td colspan="2">焊材与母材匹配,符合设计要求</td></tr>
<tr><td>4</td><td>焊工证书</td><td>第 5.2.2 条</td><td colspan="2">8名操作焊工有上岗证,在有效期内</td></tr>
<tr><td>5</td><td>焊接工艺评定</td><td>第 5.2.3 条</td><td colspan="2">焊接工艺评定报告(编号:××)</td></tr>
<tr><td>6</td><td>内部缺陷</td><td>第 5.2.4 条</td><td colspan="2">超声波探伤报告(编号:××)</td></tr>
<tr><td>7</td><td>组合焊缝尺寸</td><td>第 5.2.5 条</td><td colspan="2">焊缝尺寸的偏差为0～3mm,符合规范要求</td></tr>
<tr><td>8</td><td>焊缝表面缺陷</td><td>第 5.2.6 条</td><td colspan="2">焊缝表面无裂纹、焊瘤、气孔、夹渣等缺陷</td></tr>
<tr><td rowspan="6">一般项目</td><td>1</td><td>焊接材料外观质量</td><td>第 4.3.4 条</td><td colspan="2">焊条药皮完好,焊芯无锈蚀,焊剂未受潮,符合要求</td><td rowspan="6">焊接材料质量、焊接工程质量均符合规范要求</td></tr>
<tr><td>2</td><td>预热和后热处理</td><td>第 5.2.7 条</td><td colspan="2">有预、后热施工记录和工艺试验(编号:××),符合要求</td></tr>
<tr><td>3</td><td>焊缝外观质量</td><td>第 5.2.8 条</td><td colspan="2">符合规范要求对接焊缝余高为0～2.5mm,错边量为0～1.5mm</td></tr>
<tr><td>4</td><td>焊缝尺寸偏差</td><td>第 5.2.9 条</td><td colspan="2">符合设计要求</td></tr>
<tr><td>5</td><td>凹形角焊缝</td><td>第 5.2.10 条</td><td colspan="2">焊缝金属与母材平缓过渡,符合要求</td></tr>
<tr><td>6</td><td>焊缝感观</td><td>第 5.2.11 条</td><td colspan="2">外观均匀、成形良好、焊缝与母材过渡平滑、焊渣及飞溅已清除</td></tr>
<tr><td colspan="7">施工单位检查评定结果:
经检查,主控项目,一般项目均符合设计要求和《钢结构工程施工质量验收规范》GB 50205—2001 的规定,评定合格
质量检查员:×××　　××年×月×日</td></tr>
<tr><td colspan="7">监理或建设单位验收结论:
同意施工单位评定结果,验收合格,同意进行下道工序施工
监理工程师或建设单位项目专业技术负责人:×××　　××年×月×日</td></tr>
</table>

6.0.2 防腐、防火涂料进场检验记录

防腐、防火涂料进场检验记录实例见表 6-2。

材料、构配件进场检验记录表 **表 6-2**

材料、构配件进场检验记录表					编号	02—04—C4—179	
工程名称		京沪大厦A座			检验日期	2006年03月03日	
序号	名称	规格 型号	进场数量	生产厂家 合格证号	检验项目	检验结果	备注
1	厚型钢结构防火涂料	ZA—9802	43.12t	北京×××建筑装饰工程有限公司 2006003	包装、外观、重量	合格	A、B栋
2	厚型钢结构防火涂料	NH（UN—H10）	20t	北京市×××防火技术有限公司	包装、外观、重量	合格	C、D栋
检验结论： 根据实测外观质量合格、允许进入施工现场，按国家规定已检验合格，可使用。							

签字栏	建设(监理)单位	施工单位	北京市××钢结构安装公司	
		专业质检员	专业工长	检测员
	×××	×××	×××	×××

注：本表由施工单位填写并保存

6.0.3 防腐、防火材料复验报告目录

防腐、防火材料复验报告目录见表6-3。

材料复验报告目录 表6-3

工程名称		京沪大厦A座				资料类别		防腐、防火涂料复验		
序号	材料名称	厂名	品种规格型号	代表数量（t）	试件编号	试验日期	试验结果	使用部位	页次	备注
1	环氧云铁中间漆	××油漆厂	ZB—06—3	2.5	50—FH—001	2006.02.01	符合技术指标要求	B1～F1～F10钢构件	1～3	有相容性复验
2	厚型钢结构防火涂料	××涂料厂	NA—(ZA9802)	12.936	50—FH—002	2006.02.20	符合技术指标要求	B1～F1～F10钢构件	4～5	强度见证试验
3	室内厚型钢结构防火涂料	××防火材料厂	NA—(UN—H10)	500kg	50—FH—003	2006.03.22	符合技术指标要求	B1～F1～F10钢构件	6～7	强度见证试验
4	室内厚型钢结构防火涂料	××防火材料厂	NA—(UN—H10)	10.000	50—FH—004	2006.03.30	符合技术指标要求	B1～F1～F10钢构件	8	见证试验
5	室内厚型钢结构防火涂料	××防火材料厂	NA—(UN—10)	5.000	50—FH—005	2006.06.15	符合技术指标要求	F10～F22钢构件	9～10	有害物试验
6	厚型钢结构防火涂料	××材料厂	NA—(ZA9802)	10.90	50—FH—006	2006.06.25	符合技术指标要求	F1～F22钢构件	11～12	有害物试验
7	室内薄钢结构防火涂料	××防火材料厂	TN—LB	3.00	50—FH—007	2006.08.13	符合技术指标要求	F1～F22钢构件	13～14	相溶性试验
8	室内薄钢结构防火涂料	××防火材料厂	TN—LB	4.000	50—FH—007	2006.09.14	符合技术指标要求	F1～F22钢构件	15～16	强度见证试验

注：本表适用于C4类施工物资资料，材料复验报告编目。

防腐、防火涂料复验报告实验如下：

检 验 报 告

TEST REPORT

×××—×××—×××—×××

工程/新产品名称

Name of Engineering/Product ×××钢结构防火涂料

委托单位

Client：北京市××钢结构安装公司

检验类别

Test Category 委托检验

×××项目经理部材质章	
使用部位	B1～F1～F10 构件
进厂日期	××××年××月××日
进厂数量	500kg

×××建筑工程检测中心

×××建筑工程质量监督检验中心检验报告

报告编号（No. of Report）：×××—×××—×××—×××　　共2页　第1页（Page 1 of 2）

委托单位(Client)		北京市××钢结构安装公司		
地址(ADD)		—	电话(Tel)	—
样品(Sample)	名称(Name)	×××钢结构防火涂料	状态(State)	正常
	商标(Brand)	—	规格型号(Type/Model)	—
生产单位(Manufacturer)		×××防火技术有限公司		
这样、抽样日期(Date of delivery/Samplling)		2006/04/27	地点(Place)	—
工程名称(Name of engineering)		×××		
检验(Test)	项目(Item)	1. 总挥发性有机化合物 2. 游离甲醛	数量(Quantity)	4kg
	地点(Place)	试验室	日期(Date)	2006/05/10~05/11
	依据(Reference docurnents)	《民用建筑工程室内环境污染控制规范》GB 50325—2001		
	设备(Equipment)	分光光度计、卡尔费休滴定仪、鼓风干燥箱、天平		
检验结论(Conclusion)				
经检测该样品达到《民用建筑工程室内环境污染控制规范》GB 50325—2001第3.3节水性涂料的技术指标要求。(经下空白)				
备注	1. 各项检验数据见本报告的第2页。 2. 见证单位××咨询有限公司。见证人：××			

签字（Signatures）：

×××　批准（Approval）　　×××　审核（Verification）　　主检（Chief tester）

××建筑工程质量监督检验中心 检测专用章

报告日期（Date）：×××/××/××

报告编号：×××—×××

检 验 报 告

TEST REPORT

样品名称： ×××防火涂料和×××防火表面氟碳涂层系统

Sample Description

委托单位：北京市××钢结构安装公司

Applicant： ×××项目

检验类别：委托检验

Test Type

×××建筑材料质量监督检验站

×××项目经理部材质章	
使用部位	F1～F22 构件
进厂日期	××××年××月××日
进厂数量	3t

×××建筑材料质量监督检验站检验报告

报告编号 NO：×××—××× 第1页 第2页

委托单位	北京市××钢结构安装公司×××项目	检验类别	委托检验
样品名称	××防火涂料和××防火表面氟碳涂层系统	样品数量	5块试板+3kg液料
型号、规格	70×70(室内薄型)	样品等级	—
生产单位	×××氟涂料有限公司	来样日期	××××年××月××日
检验依据	《钢结构防火涂料》GB 14907—2002，参照《漆膜一般制备法》GB/T 1727—1992		
检验项目	粘结强度、相容性试验		
检验结论	该样品经检验，其检验项目符合《钢结构防火涂料》GB 14907—2002中室内薄型钢结构防火涂料的指标要求，相容性试验为实测值 有见证试验 ×××建筑材料质量监督检验站 签发日期：××××年××月××日 复印报告未重盖本站红章无效		

附注：1. 本检验结果仅对来样负责

2. 试验用防火涂料涂层试板(天宁 TN—LB)由委托方提供

3. 相容性试验检测参照《漆膜一般制备法》GB/T 1727—1992，底层赋予(柔性腻子)配比：固：液=1：0.8(重量比)、面层腻子(ZB—07—8)配比：固：液=20：1(重量比)、氟碳漆(ZB—04—603)配比：漆：固化剂=12：1(重量比)，由委托方提供

4. 防火涂料涂层试板厚度为3.5mm，底层腻子厚度1mm，面层腻子厚度0.5mm，氟碳漆干膜厚度100mm

(以下空白)

批准：××× 审核：××× 主检：×××

×××建筑材料质量监督检验站检验报告

报告编号 NO：×××—××× 第2页 共2页

序号	检验项目		标准要求(NB)	检验结果	本项结论
1	粘结强度(MPa)		≥0.15	0.67	符合
2	相容性试验	底层腻子与防火	—	不咬起、不渗色、无起泡、无开裂	—
		面层腻子与底层腻子之间	—	不咬起、不渗色、无起泡、无开裂	—
		氟碳漆与面层腻子之间	—	不咬起、不渗色、无起泡、无开裂	—

附注：1. 本检验结果仅对来样负责

2. 试验用防火涂料涂层试板(天宁 TN—LB)由委托方提供

3. 相容性试验检测参照《漆膜一般制备法》GB/T 1727—1992，底层腻子(柔性腻子)配比：固：液=1：0.8(重量比)、面层腻子(ZB—07—8)配比：固：液=20：1(重量比)、氟碳漆(ZB—04—603)配比：漆：固化剂=12：1(重量比)，由委托方提供

4. 防火涂料涂层试板厚度为3.5mm，底层腻子厚度1mm，面层腻子厚度0.5mm，氟碳漆干膜厚度100μm

(以下空白)

批准：××× 审核：××× 主检：×××

6.0.4 焊钉（栓钉）焊接工程检验批质量验收记录

6.0.5 高强度螺栓连接工程检验批质量验收记录

《高强度螺栓连接工程检验批质量验收记录表》填写范例及说明见表 6-4。

高强度螺栓连接工程检验批质量验收记录表

GB 50205—2001

（Ⅱ）

表 6-4

010902□□□　　020402☒☒☒

单位(子单位)工程名称			××工程		
分部、子分部工程名称			主体结构　钢结构	验收部位	共享大厅
施工单位		××钢结构工程有限公司		项目经理	×××
分包单位		/		分包项目经理	/
施工执行标准名称及编号			钢结构工程施工工艺标准(QB×××—××)		
施工质量验收规范的规定				施工单位检查评定记录	监理(建设)单位验收记录
主控项目	1	成品进场	第 4.4.1 条	有合格证明文件、中文标志及检验报告(编号××),符合设计和相关要求	进场成品质量及复验结果,高强度螺栓连接副终拧扭矩检查均符合要求
	2	扭矩系数或预拉力复验	第 4.4.2 条 第 4.4.3 条	有扭矩系数的见证复验报告(编号××),符合要求	
	3	抗滑移系数试验	第 6.3.1 条	有试验报告(编号××)和复验报告(编号××),符合要求	
	4	终拧扭矩	第 6.3.2 条 第 6.3.3 条	终拧完成 1h 后至 48h 内进行了终拧扭矩检查,符合规范要求	
一般项目	1	成品进场检验	第 4.4.4 条	包装箱上有批号、规格、数量,无锈蚀、无损伤	进场成品检验,高强度螺栓连接副的施拧顺序和初拧复拧扭矩,连接外观质量及连接摩擦面外观,螺栓扩孔均符合设计规范及相应规程要求
	2	表面硬度试验	第 4.4.5 条	有高强度螺栓硬度试验报告(编号××),符合要求	
	3	施拧顺序和初拧、复拧扭矩	第 6.3.4 条	检查扭矩扳手标定记录和螺栓施工记录(编号××),符合设计要求和 JGJ 82 的规定	
	4	连接外观质量	第 6.3.5 条	螺栓丝扣外露一般为 2~3 扣,外露 4 扣者仅为 5%	
	5	摩擦面外观	第 6.3.6 条	摩擦面无飞边、毛刺、污垢等,且干燥、整洁	
	6	扩孔	第 6.3.7 条	采用机械扩孔,扩孔数量及孔径符合设计和规范要求	
施工单位检查评定结果			专业工业(施工员)　×××	施工班组长	×××
			经检查,主控项目、一般项目均符合设计要求和《钢结构工程施工质量验收规范》GB 50205—2001 的规定,评定合格 项目专业质量检查员:×××　　××年×月×日		
监理(建设)单位验收结论			同意施工单位评定结果,验收合格 专业监理工程师:××× (建设单位项目专业技术负责人)　　××年×月×日		

【填写说明】

1. 总说明

(1) 适用范围：适用于钢结构制作和安装中的普通螺栓、扭剪型高强螺栓、高强度大六角头螺栓、钢网架螺栓球节点用高强度螺栓及射钉、自攻钉、拉铆钉等连接工程的验收。

(2) 检验批的划分：可按相应的钢结构制作或安装工程检验批划分原则划分。

(3) 验收人员：由监理工程师（建设单位项目技术负责人）组织施工项目技术负责人进行验收。

2. 表格项目填写说明

主控项目

(1) 成品进场

1) 规范要求：钢结构连接用高强度大六角头螺栓连接副、扭剪型高强度螺栓连接副、钢网架用高强度螺栓、普通螺栓、铆钉、自攻钉、拉铆钉、射钉、锚栓（机械型和化学试剂型）、地脚锚栓等紧固标准件及螺母、垫圈等标准配件，其品种、规格、性能等应符合现行国家产品标准和设计要求。高强度大六角头螺栓连接副和扭剪型高强度螺栓连接副出厂时应分别随箱带有扭矩系数和紧固轴力（预拉力）的检验报告。

2) 检查方法：检查产品的质量合格证明文件、中文标志及检验报告等。检查数量：全数检查。

3) 填写说明与依据：

① 扭剪型高强度螺栓连接副及其规格。

扭剪型高强度螺栓连接副包括一个螺栓、一个螺母和一个垫圈组成，其规格按直径划分为4种，即M16、M20、M22和M24。螺杆的长度确定是在连接厚度的基础上增加螺母高度和垫圈厚度及多出2～3个丝扣长度，并以5mm为一级差。

② 扭剪型高强度螺栓连接副的技术性能。

扭剪型高强度螺栓接副的技术性能包括螺栓的拉力荷载（楔负载）、螺母的保证荷载、螺栓螺母垫圈的表面硬度等，除此之外，连接副的紧固预拉力是影响连接性能的最重要的技术性能见表6-5。以上性能指标应作为产品质量证明文件的主要内容随产品出厂。

扭剪型高强度螺栓连接副紧固预拉力和标准偏差 **表6-5**

螺栓直径(mm)	16	20	22	24
紧固预拉力的平均值(kN)	99～120	154～186	191～231	222～270
标准偏差 δ_p(kN)	10.1	15.7	19.5	22.7

③ 高强度大六角头螺栓连接副及其规格。

高强度大六角头螺栓连接副包括一个螺栓、一个螺母和二个垫圈组成，其规格按直径划分为7种，即M12、M16、M20、M22、M24、M27、M30。螺杆的长度确定是在连接厚度的基础上增加螺母高度和二个垫圈厚度及多出2～3个丝扣的长度，并以5mm为一级差。

④ 高强度大六角头螺栓连接副的技术性能。

高强度大六角头螺栓连接副的技术性能包括螺栓的拉力荷载（楔负载），螺母的保证荷载、螺栓螺母垫圈的表面硬度等，除此之外，连接副的扭矩系数是影响连接性能的最重要的技术性能，根据国家标准《钢结构用高强度大六角头螺栓、大六角螺母、垫圈与技术条件》GB/T 1231—2006的规定，10.9S级的高强度大六角头螺栓连接副的扭矩系数的平均值应为0.110～0.150，其标准偏差≤0.010。以上性能指标应作为产品质量证明文件的主要内容随产品出厂。

（2）扭矩系统或预拉力复验

1）规范要求：高强度大六角头螺栓连接副应按《钢结构工程施工质量验收规范》GB 50205—2001附录B的规定检验其扭矩系数，其检验结果应符合《钢结构工程施工质量验收规范》GB 50205—2001附录B的规定。

检查方法；检查复验报告。检查数量；见《钢结构工程施工质量验收规范》GB 50205—2001附录B。

2）规范要求：扭剪型高强度螺栓连接副应按《钢结构工程施工质量验收规范》GB 50205—2001附录B的规定检验预拉力，其检验结果应符合《钢结构工程施工质量验收规范》GB 50205—2001附录B的规定。

检查方法；检查复验报告。检查数量：见《钢结构工程施工质量验收规范》GB 50205—2001附录B。

（3）抗滑移系统试验

1）规范要求：钢结构制作和安装单位应按《钢结构工程施工质量验收规范》GB 50205—2001附录B的规定分别进行高强度螺栓连接摩擦面的抗滑移系数试验和复验，现场处理的构件摩擦面应单独进行摩擦面抗滑移系数试验，其结果应符合设计要求。

2）检查方法；检查摩擦面抗滑移系数试验报告和复验报告。检查数量：见《钢结构工程施工质量验收规范》GB 50205—2001附录B。

3）填写说明与依据；依据《钢结构工程施工质量验收规范》GB 50205—2001附录B“紧固件连接工程检验项目”下相关内容。

（4）终拧扭矩

1）规范要求：高强度大六角头螺接连接副终拧完成1h后、48h内应进行终拧扭矩检查，检查结果应符合《钢结构工程施工质量验收规范》GB 50205—2001附录B的规定。

检查方法：见《钢结构工程施工质量验收规范》GB 50205—2001附录B。检查数量：按节点数抽查10%，且不应少于10个，每个被抽查节点按螺栓数抽查10%，且不应少于

2个。

2）规范要求：扭剪型高强度螺栓连接副终拧后，除因构造原因无法使用专用扳手终拧掉梅花头者外，未在终拧中拧掉梅花头的螺栓数不应大于该节点螺栓数的5%。对所有梅花头未拧掉的扭剪型高强度螺栓连接副应采用扭矩法或转角法进行终拧并作标记，且按上条的规定进行终拧扭矩检查。

检查方法：观察检查及《钢结构工程施工质量验收规范》GB 50205—2001附录B。检查数量：按节点数抽查10%，但不应少于10个节点，被抽查节点中梅花头未拧掉的扭剪型高强度螺栓连接副全数进行终拧扭矩检查。

一般项目

（1）成品进场检验

1）规范要求：高强度螺栓连接副，应按包装箱配套供货，包装箱上应标明批号、规格、数量及生产日期。螺栓、螺母、垫圈外观表面应涂油保护，不应出现生锈和沾染赃物，螺纹不应损伤。

2）检查方法：观察检查。检查数量：按包装箱数抽查5%，且不应少于3箱。

（2）表面硬度试验

1）规范要求：对建筑结构安全等级为一级，跨度40m及以上的螺栓球节点钢网架结构，其连接高强度螺栓应进行表面硬度试验，对8.8级的高强度螺栓其硬度应为HRC21～29；10.9级高强度螺栓其硬度应为HRC32～36，且不得有裂纹或损伤。

2）检查方法：硬度计、10倍放大镜或磁粉探伤。检查数量：按规格抽查8只。

（3）施拧顺序和初拧复拧扭矩

1）规范要求：高强度螺栓连接副的施拧顺序和初拧、复拧扭矩应符合设计要求和国家现行行业标准《钢结构高强度螺栓连接的设计、施工及验收规程》JGJ 82—1991的规定。

2）检查方法：检查扭矩扳手标定记录和螺栓施工记录。检查数量：全数检查资料。

3）填写说明与依据：

① 大六角头高强度螺栓的拧紧应分为初拧、终拧。对于大型节点应分为初拧、复拧、终拧。初拧扭矩为施工扭矩的50%左右，复拧扭矩等于初拧扭矩。初拧或复拧后的高强度螺栓应用颜色在螺母上涂上标记，然后按《钢结构高强度螺栓连接的设计、施工及验收规程》JGJ 82—1991中3.4.10条规定的施工扭矩值进行终拧。终拧后的高强度螺栓应用另一种颜色在螺母上涂上标记。

② 大六角头高强度螺栓拧紧时，只准在螺母上施加扭矩。

③ 扭剪型高强度螺栓的拧紧应分初拧、终拧。对于大型节点应分为初拧、复拧、终拧。初拧扭矩值为0.13×P_c×d的50%左右，可参照表6-6选用。复拧扭矩等于初拧扭矩值。初拧或复拧后的高强度螺栓应用颜色在螺母上涂上标记，然后用专用扳手进行终

拧。直至拧掉螺栓尾部梅花头。对于个别不能用专用扳手进行终拧的扭剪型高强度螺栓，可按本条①规定的方法进行终拧（扭矩系数取 0.13）。

初拧扭矩值 表 6-6

螺栓直径 d(m)	16	20	(22)	24
初拧扭矩(N·m)	115	220	300	390

④ 高强度螺栓在初拧、复拧和终拧时，连接处的螺栓应按一定顺序施拧，一般应由螺栓群中央顺序向外拧紧。

⑤ 高强度螺栓的初拧、复拧、终拧应在同一天完成。

⑥ 大六角头高强度螺栓施工所用的扭矩扳手，班前必须校正，其扭矩误差不得大于±5%，合格后方准使用。校正用的扭矩扳手，其扭矩误差不得大于±3%。

（4）连接外观质量

1）规范要求：高强度螺栓连接副终拧后，螺栓丝扣外露应为 2～3 扣，其中允许有 10%的螺栓丝扣外露 1 扣或 4 扣。

2）检查方法：观察检查。检查数量：按节点数抽查 5%，且不应少于 10 个。

（5）摩擦面外观

1）规范要求：高强度螺栓连接摩擦面应保持干燥、整洁，不应有飞边、毛刺、焊接飞溅物、焊疤、氧化铁皮、污垢等，除设计要求外摩擦面不应涂漆。

2）检查方法；观察检查。检查数量：全数检查。

（6）扩孔

1）规范要求：高强度螺栓应自由穿入螺栓孔。高强度螺栓孔不应采用气割扩孔，扩孔数量应征得设计同意，扩孔后的孔径不应超过 1.2d（d 为螺栓直径）。

2）检查方法；观察检查及用卡尺检查。检查数量：被扩螺栓孔全数检查。

3）填写说明与依据：强行穿入螺栓会损伤丝扣，改变高强度螺栓连接副的扭矩系数，甚至连螺母都拧不上，因此强调自由穿入螺栓孔。气割扩孔很不规则，既削弱了构件的有效载面，减少了压力传力面积，还会使扩孔处钢材造成缺陷，故规定不得气割扩孔。最大扩孔量的限制也是基于构件的有效载面和摩擦传力面积的考虑。

3. 规范规定的其他检查项目

《钢结构工程施工质量验收规范》GB 50205—2001

第 6.3.8 条 螺栓球节点网架总拼完成后，高强度螺栓与球节点应紧固连接，高强度螺栓拧入螺栓球内的螺纹长度不应小于 1.0d（d 为螺栓直径），连接处不应出现有间隙、松动等未拧紧情况。

6.0.6 多层及高层钢结构安装工程检验批质量验收记录

《多层及高层钢结构安装工程检验批质量验收记录表》填写范例及说明见表 6-7。

多层及高层钢结构安装工程检验批质量验收记录表

GB 50205—2001

表 6-7

020405☒☒☒

单位(子单位)工程名称			××工程		
分部、子分部工程名称			主体结构　钢结构	验收部位	汽车销售展厅
施工单位			××钢结构工程有限公司	项目经理	×××
分包单位			/	分包项目经理	/
施工执行标准名称及编号			钢结构工程施工工艺标准(QB×××—××)		
施工质量验收规范的规定				施工单位检查评定记录	监理(建设)单位验收记录
主控项目	1	基础验收	第 11.2.1, 11.2.2, 11.2.3, 11.2.4 条	定位轴线、柱的标高、地脚螺栓规格及紧固均符合设计要求;支承面,地脚螺栓位置的偏差值均符合规范规定,见检查记录(编号××)	基础及构件验收、钢柱安装精度、顶紧接触面、垂直度和侧向弯曲矢高、主体结构尺寸均符合规范要求
	2	构件验收	第 11.3.1 条	构件符合设计和规范要求,且无变形或涂层脱落	
	3	钢柱安装精度	第 11.3.2 条	底层柱柱底轴线对定位轴线偏移值为 2.5mm,其他偏差也符合规范要求	
	4	顶紧接触面	第 11.3.3 条	接触面有 90% 紧贴且最大间隙均小于 0.7mm,符合规范要求	
	5	垂直度和侧向弯曲矢高	第 11.3.4 条	现场量测,钢梁的垂直度和侧向弯曲矢高偏差符合规范要求	
	6	主要结构尺寸	第 11.3.5 条	整体垂直度偏差<20mm,整体平面弯曲偏差小于 18mm,符合规范要求	
一般项目	1	地脚螺栓精度	第 11.2.5 条	地脚螺栓露出长度为 5～20mm,螺纹长度为 5～18mm,偏差在允许范围内	地脚螺栓精度、构件安装精度、现场组对精度、主体结构总高度及结构表面质量等均符合规范要求
	2	标记	第 11.3.7 条	钢柱等主要构件的中心线及标高基准点等标记齐全,符合规范要求	
	3	构件安装精度	第 11.3.8, 11.3.10 条	上、下柱连接处的槽口偏差值小于 2.5mm、同一层柱的各柱顶高度差小于 4mm,主梁与次梁的高度值为 −1～+1.5mm,其他偏差也均符合规范要求	
	4	主体结构总高度	第 11.3.9 条	主体结构总高度的偏差值为 −10～+20mm,符合规范要求	
	5	吊车梁安装精度	第 11.3.11 条	/	
	6	檩条安装精度	第 11.3.12 条	檩条、墙架等次要构件安装的偏差值均符合规范表 E.0.3 的规定	
	7	平台等安装精度	第 11.3.13 条	平台、钢梯、栏杆安装的偏差值均符合规范表 E.0.4 的规定	
	8	现场组对精度	第 11.3.14 条	现场焊缝组对间隙的偏差值为 0～2mm,符合规范要求	
	9	结构表面	第 11.3.6 条	结构表面无疤痕、泥沙等污垢,且表面干净整洁,符合规范要求	
施工单位检查评定结果			专业工长(施工员)　×××	施工班组长	×××
			经检查,主控项目、一般项目均符合设计要求和《钢结构工程施工质量验收规范》GB 50205—2001 的规定,评定合格 **项目专业质量检查员:**×××　　××年×月×日		
监理(建设)单位验收结论			同意施工单位评定结果,验收合格 **专业监理工程师:**××× **(建设单位项目专业技术负责人)**　　××年×月×日		

【填写说明】

1. 总说明

(1) 适用范围：用于多层及高层钢结构的主体结构、地下钢结构、檩条及墙架等次要构件、钢平台、钢梯、防护栏杆等安装工程的质量验收。

(2) 检验批的划分：多层及高层钢结构安装工程可按楼层或施工段等划分为一个或若干个检验批。地下钢结构可按不同地下层划分检验批。

(3) 验收人员：由监理工程师（建设单位项目技术负责人）组织施工项目技术负责人进行验收。

2. 表格项目填写说明

主控项目

(1) 基础验收

1) 规范要求：建筑物的定位轴线、基础上柱的定位轴线和标高、地脚螺栓（锚栓）的规格和位置、地脚螺栓（锚栓）紧固应符合设计要求。当设计无要求时，应符合表 6-8 的规定。

检查方法；采用经纬仪、水准仪、全站仪和钢尺实测。检查数量：按柱基数抽查 10%，且不应少于 3 个。

建筑物定位轴线、基础上柱的定位轴线和标高、地脚螺栓（锚栓）的允许偏差　表 6-8

（单位：mm）

项目	允许偏差	图例
建筑物定位轴线	$L/20000$，且不应大于 3.0	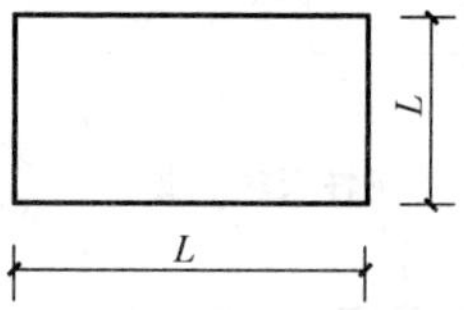 L L
基础上柱的定位轴线	1.0	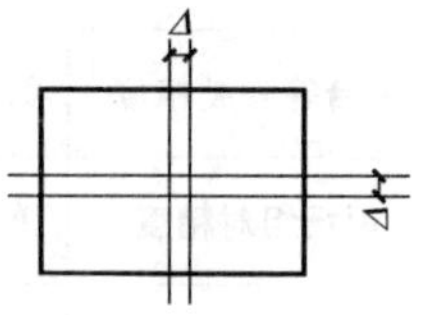 Δ Δ
基础上柱底标高	±2.0	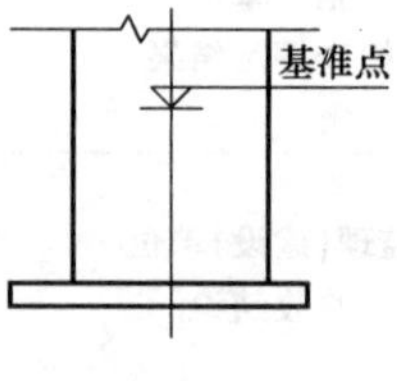 基准点

续表

项目	允许偏差	图例
地脚螺栓（锚栓）位移	2.0	

2）规范要求；多层建筑以基础顶面直接作为柱的支承面，或以基础顶面预埋钢板或支座作为柱的支承面时，其支承面、地脚螺栓（锚栓）位置的允许偏差应符合 GB 50205 中表 10.2.2 的规定。

检查方法：用经纬仪、水准仪、全站仪、水平尺和钢尺实测。检查数量：按柱基数抽查 10%，且不应少于 3 个。

3）规范要求；多层建筑采用坐浆垫板时，坐浆垫板的允许偏差应符合 GB 50205 中表 10.2.3 的规定。

检查方法：用水准仪、全站仪、水平尺和钢尺实测。检查数量：资料全数检查。按柱基数抽查 10%，且不应少于 3 个。

4）规范要求；当采用杯口基础时，杯口尺寸的允许偏差应符合 GB 50205 中表 10.2.4 的规定。

检查方法：观察及尺量检查。检查数量；按基础数抽查 10%，且不应少于 4 处。

（2）构件验收

1）规范要求：钢构件应符合设计要求和《钢结构工程施工质量验收规范》GB 50205—2001 的规定。运输、堆放和吊装等造成的钢构件变形及涂层脱落，应进行矫正和修补。

2）检查方法：用拉线、钢尺现场实测或观察。检查数量：按构件数抽查 10%，且不应少于 3 个。

（3）钢柱安装精度

1）规范要求：柱子安装的允许偏差应符合表 6-9 的规定。

2）检查方法：用全站仪或激光经纬仪和钢尺实测。检查数量：标准柱全部检查；非标准柱抽查 10%，且不应少于 3 根。

柱子安装的允许偏差（单位：mm）　　表 6-9

项目	允许偏差	图例
底层柱柱底轴线对定位轴线偏移	3.0	

续表

项目	允许偏差	图例
柱子定位轴线	1.0	
单节柱的垂直度	$h/1000$，且不应大于10.0	

（4）顶紧接触面

1）规范要求：设计要求顶紧的节点，接触面不应少于70%紧贴，且边缘最大间隙不应大于0.8mm。

2）检查方法：用钢尺及0.3mm和0.8mm厚的塞尺现场实测。检查数量：按节点数抽查1.0%，且不应少于3个。

（5）垂直度和侧向弯曲矢高

1）规范要求：钢主梁、次梁及受压杆件的垂直度和侧向弯曲矢高的允许偏差应符合《钢结构工程施工质量验收规范》GB 50205—2001表10.3.3中有关钢屋（托）架允许偏差的规定。

2）检查方法：用吊线、拉线、经纬仪和钢尺现场实测。检查数量：按同类构件数抽查10%，且不应少于3个。

（6）主体结构尺寸

1）规范要求：多层及高层钢结构主体结构的整体垂直度和整体平面弯曲的允许偏差应符合表6-10的规定。

整体垂直度和整体平面弯曲的允许偏差（单位：mm）　　表6-10

项目	允许偏差	图例
主体结构的整体垂直度	$(H/2500+10.0)$， 且不应大于50.0	

续表

项目	允许偏差	图例
主体结构的整体平面弯曲	L/1500，且不应大于 25.0	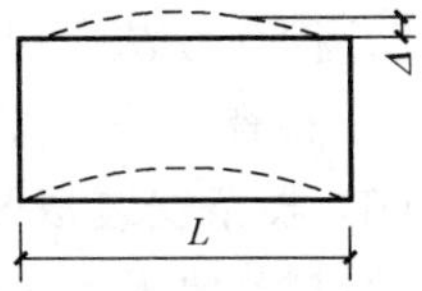

2）检查方法：对于整体垂直度，可采用激光经纬仪、全站仪测量，也可根据各节柱的垂直度允许偏差累计（代表和）计算，对于整体平面弯曲，可按产生的允许偏差累计（代数和）计算。检查数量：对主要立面全部检查。对每个所检查的立面，除两列角柱外，尚应至少选取一列中间柱。

一般项目

（1）地脚螺栓精度

1）规范要求：地脚螺栓（锚栓）尺寸的允许偏差应符合 GB 50205 中表 10.2.5 的规定。地脚螺栓（锚栓）的螺纹应受到保护。

2）检查方法：用钢尺现场实测。检查数量：按柱基数抽查 10%，且不应少于 3 个。

（2）标记

1）规范要求：钢柱等主要构件的中心线及标高基准点等标记应齐全。

2）检查方法：观察检查。检查数量：按同类构件数抽查 10%，且不应少于 3 件。

（3）构件安装精度

1）规范要求：钢构件安装的允许偏差应符合《钢结构工程施工质量验收规范》GB 50205—2001 附录 E 中表 E.0.5 的规定。

检查方法：见《钢结构工程施工质量验收规范》GB 50205—2001 附录 E 中表 E.0.5。检查数量：按同类构件或节点数抽查 10%。其中柱和梁各不应少于 3 件，主梁与次梁连接节点不应少于 3 个，支承压型金属板的钢梁长度不应少于 5m。

2）规范要求：当钢构件安装在混凝土柱上时，其支座中心对定位轴线的偏差不应大于 10mm；当采用大型混凝土屋面板时，钢梁（或桁架）间距的偏差不应大于 10mm。

检查方法：用拉线和钢尺现场实测。检查数量：按同类构件数抽查 10%，且不应少于 3 榀。

（4）主体结构总高度

1）规范要求：主体结构总高度的允许偏差应符合《钢结构工程施工质量验收规范》GB 50205—2001 附录 E 中表 E.0.6 的规定。

2）检查方法：采用全站仪、水准仪和钢尺实测。检查数量：按标准柱列数抽查 10%，且不应少于 4 列。

（5）吊车梁安装精度

1）规范要求：多层及高层钢结构中钢吊车梁或直接承受动力荷载的类似构件，其安装的允许偏差应符合《钢结构工程施工质量验收规范》GB 50205—2001 附录 E 中表 E.0.2 的规定。

2）检查方法：见《钢结构工程施工质量验收规范》GB 50205—2001 附录 E 中表 E.0.2。检查数量：按钢吊车梁数抽查 10%，且不应少于 3 榀。

（6）檩条安装精度

1）规范要求：多层及高层钢结构中檩条、墙架等次要构件安装的允许偏差应符合《钢结构工程施工质量验收规范》GB 50205—2001 附录 E 中表 E.0.3 的规定。

2）检查方法：见《钢结构工程施工质量验收规范》GB 50205—2001 附录 E 中表 E.0.3。检查数量：按同类构件数抽查 10%，且不应少于 3 件。

（7）平台等安装精度

1）规范要求：多层及高层钢结构中钢平台、钢梯、栏杆安装应符合现行国家标准固定式钢梯及平台安全要求　第 1 部分：钢直梯 GB 4053.1—200《固定式钢梯及平台安全要求　第 2 部分：钢斜梯》GB 4053.2—2009《固定式钢梯及平台安全要求　第 3 部分：工业防护栏杆及钢平台》GB 4053.3—2009 的规定。钢平台、钢梯和防护栏杆安装的允许偏差应符合《钢结构工程施工质量验收规范》GB 50205—2001 附录 E 中表 E.0.4 的规定。

2）检查方法：见《钢结构工程施工质量验收规范》GB 50205—2001 附录 E 中表 E.0.4。检查数量：按钢平台总数抽查 10%，栏杆、钢梯按总长度各抽查 10%，但钢平台不应少于 1 个，栏杆不应少于 5m，钢梯不应少于 1 跑。

（8）现场组对精度

1）规范要求：多层及高层钢结构中现场焊缝组对间隙的允许偏差应符合《钢结构工程施工质量验收规范》GB 50205—2001 规范表 10.3.11 的规定。

2）检查方法：尺量检查。检查数量：按同类节点数抽查 10%，且不应少于 3 个。

（9）结构表面

1）规范要求：钢结构表面应干净，结构主要表面不应有疤痕、泥沙等污垢。

2）检查方法：观察检查。检查数量：按同类构件数抽查 10%，且不应少于 3 件。

3. 规范规定的其他检查项目

《钢结构工程施工质量验收规范》GB 50205—2001

（1）第 11.1.3 条　柱、梁、支撑等构件的长度尺寸应包括焊接收缩余量等变形值。

（2）第 11.1.4 条　安装柱时，每节柱的定位轴线应从地面控制轴线直接引上，不得从下层柱的轴线引上。

（3）第 11.1.5 条　结构的楼层标高可按相对标高或设计标高进行控制。

（4）第 11.1.6 条　钢结构安装检验批应在进场验收和焊接连接、紧固件连接、制作等分项工程验收合格的基础上进行验收。

（5）第 11.1.7 条　多层及高层钢结构安装应遵照《钢结构工程施工质量验收规范》GB 50205—2001 第 10.1.4、10.1.5、10.1.6、10.1.7、10.1.8 条的规定。

6.0.7 钢构件组装工程检验批质量验收记录

《钢构件组装工程检验批质量验收记录表》填写范例及说明见表6-11。

钢构件组装工程检验批质量验收记录表
GB 50205—2001

表6-11

020406☒☒☒

单位(子单位)工程名称				××工程	
分部、子分部工程名称			主体结构　钢结构	验收部位	共享大厅
施工单位			××钢结构工程有限公司	项目经理	×××
分包单位			/	分包项目经理	/
施工执行标准名称及编号				钢结构工程施工工艺标准(QB×××—××)	
施工质量验收规范的规定				施工单位检查评定记录	监理(建设)单位验收记录
主控项目	1	吊车梁(桁架)	第8.3.1条	经检查,吊车梁不下挠,见检查记录(编号××)	钢构件的变形、端部铣平允许偏差及钢构件外形尺寸均符合要求
	2	端部铣平精度	第8.4.1条	两端铣平时构件长度偏差值在－1.5～＋2.0mm范围,其他偏差值也均符合规范要求	
	3	外形尺寸	第8.5.1条	钢构件外形尺寸主控项目的偏差值均符合规定。详见附表1*	
一般项目	1	焊接H型钢接缝	第8.2.1条	翼缘板拼接缝和腹板拼接缝的间距均大于200mm,符合要求	焊接H型钢,焊接连接组装允许偏差,顶紧要求允许偏差,安装焊缝坡口允许偏差,外露铣平面防锈处理,钢构件外形尺寸允许偏差等均符合要求
	2	焊接H型钢精度	第8.2.2条	截面高度偏差值为－1.8～＋2.0mm,截面宽度偏差值为－2.5～＋2.0mm;其他偏差值也均符合要求	
	3	焊接组装精度	第8.3.2条	错边量均<1.0mm,面隙为0.8mm,高度偏差值为－1.5＋2.0mm;其他偏差值也均符合规范要求	
	4	顶紧接触面	第8.3.3条	顶紧接触面有85%的面积紧贴,符合规范要求	
	5	轴线交点错位	第8.3.4条	尺量检查,轴线交点错位的最大偏差值为2.0mm	
	6	焊缝坡口精度	第8.4.2条	坡口角度偏差值为－4°～＋5°,钝边偏差值为－0.5～＋1.0mm,符合规范要求	
	7	铣平面保护	第8.4.3条	经检查,外露铣平面均进行了防锈保护、符合规范要求	
	8	外形尺寸	第8.5.2条	钢构件外形尺寸一般项目的偏差值均符合规范附录C中表C.0.3、C.0.5、C.0.8和C.0.9等的规定	
施工单位检查评定结果			专业工长(施工员)　×××	施工班组长	×××
			经检查,主控项目、一般项目均符合设计要求和《钢结构工程施工质量验收规范》GB 50205—2001的规定,评定合格 项目专业质量检查员:×××　　××年×月×日		
监理(建设)单位验收结论			同意施工单位评定结果,验收合格 专业监理工程师:××× (建设单位项目专业技术负责人)　　××年×月×日		

注:因表格格式所限,对端部铣平精度检查应按规范《钢结构工程施工质量验收规范》GB 50205—2001第8.4.1条检查,故有附表,此处略。

【填写说明】

1. 总说明

（1）适用范围：适用于钢结构制中构件组装的质量验收。

（2）检验批划分：钢构件组装工程可按钢结构制作工程检验批的划分原则划分为一个或若干个检验批。

（3）验收人员：由监理工程师（建设单位项目技术负责人）组织施工项目技术负责人进行验收。

2. 表格项目填写说明

主控项目

（1）吊车梁（桁架）

1）规范要求：吊车梁和吊车桁架不应下挠。

2）检查方法；构件直立，在两端支承后，用水准仪和钢尺检查。检查数量：全数检查。

（2）端部铣平精度

1）规范要求：端部铣平的允许偏差应符合表6-12的规定。

2）检查方法：用钢尺、角尺、塞尺等检查。检查数量：按铣平面数量抽查10%，且不应少于3个。

端部铣平的允许偏差（单位：mm）　　表6-12

项目	允许偏差
两端铣平时构件长度	±2.0
两端铣平时零件长度	±0.5
铣平面的平面度	0.3
铣平面对轴线的垂直度	l/1500

（3）外形尺寸

1）规范要求：钢构件外形尺寸主控项目的允许偏差应符合表6-13的规定。

2）检查方法：用钢尺检查。检查数量：全数检查。

钢构件外形尺寸主控项目的允许偏差（单位：mm）　　表6-13

项　目	允许偏差
单层柱、梁、桁架受力支托(支承面)表面至第一个安装孔距离	±1.0
多节柱铣平面第一个安装孔距离	±1.0
实腹梁两端最外侧安装孔距离	±3.0
构件连接处的截面几何尺寸	±3.0
柱、梁连接处的腹板中心线偏移	2.0
受压构件(杆件)弯曲矢高	l/1000,且不应大于10.0

一般规定

（1）焊接H型钢接缝

1）规范要求；焊接H型钢的翼缘板拼缝和腹板拼接缝的间距不应小于200mm，翼缘板拼接长度不应小于 2 倍板宽；腹板拼接宽度不应小于 300mm，长度不应小于 600mm。

2）检查方法：观察和用钢尺检查。检查数量：全数检查。

（2）焊接 H 型钢精度

1）规范要求：焊接 H 型钢的允许偏差应符合《钢结构工程施工质量验收规范》GB 50205—2001 附录 C 中表 C. 0. 1 的规定。

2）检查方法：用钢尺、角尺、塞尺等检查。检查数量：按钢构件数抽查 10%，宜不应少于 3 件。

3）焊接组装精度

① 规范要求：焊接连接组装的允许偏差应符合《钢结构工程施工质量验收规范》GB 50205—2001 附录 C 中表 C. 0. 2 规定。

② 检查方法：用钢尺检查。检查数量：按构件数抽查 10%，且不应小于 3 个。

4）顶紧接触面

① 规范要求；顶紧接触面应有 75%以上的面积紧贴。

② 检查方法；用 0. 3mm 塞尺检查，其塞入面积应小于 25%，边缘间隙不应大于 0. 8mm。检查数量：按接触面的数量抽查 10%，且不应少于 10 个。

5）轴线交点错位

① 规范要求：桁架结构杆件轴线交点错位的允许偏差不得大于 3. 0mm。

② 检查方法；尺量检查。检查数量：按构件数抽查 10%，且不应少于 3 个，每个抽查构件按节点数抽查 10%，且不应少于 3 个节点。

6）焊缝坡口精度

① 规范要求；安装焊缝坡口的允许偏差应符合表 6-14 的规定。

② 检查方法；用焊缝量规检查。检查数量：按坡口数量抽查 10%，且不应少于 3 条。

安装焊缝坡口的允许偏差 **表 6-14**

项　　目	允许偏差
坡口角度	±5°
钝边	±1. 0mm

7）铣平面保护

① 规范要求：外露铣平面应防锈保护。

② 检查方法：观察检查。检查数量：全数检查。

③ 填写说明与依据：查技术交底及施工方案应有防锈保护措施。

8）外形尺寸

① 规范要求：钢构件外形尺寸一般项目的允许偏差应符合《钢结构工程施工质量验收规范》GB 50205—2001 附录 C 中表 C. 0. 3～表 C. 0. 9 的规定。

② 查方法：见《钢结构工程施工质量验收规范》（GB 50205）附录 C 中表C. 0. 3～表 C. 0. 9。检查数量：按构件数量抽查 10%，且不应少于 3 件。

6.0.8　钢构件预拼装工程检验批质量验收记录

《钢构件预拼装工程检验批质量验收记录表》填写范例及说明见表 6-15。

钢构件预拼装工程检验批质量验收记录表　　**表 6-15**

GB 50205—2001　　**020407☒☒☒**

单位(子单位)工程名称			××工程		
分部、子分部工程名称			主体结构　钢结构	验收部位	共享大厅
施工单位			××钢结构工程有限公司	项目经理	×××
分包单位			/	分包项目经理	/
施工执行标准名称及编号			钢结构工程施工工艺标准(QB×××—××)		
施工质量验收规范的规定				施工单位检查评定记录	监理(建设)单位验收记录
主控项目	1	多层板叠螺栓孔	第 9.2.1 条	采用比孔公称直径小 1mm 的试孔器检查,通过率为 100%,符合规范要求	多层板叠螺栓孔检查通过率符合要求
一般项目	1	预拼装精度	第 9.2.2 条	预拼装的实测偏差值均符合规范的规定。详见本页附表*	预拼装的允许偏差符合实测
施工单位检查评定结果		专业工长(施工员)	×××	施工班组长	×××
		经检查,主控项目、一般项目均符合设计要求和《钢结构工程施工质量验收规范》GB 50205—2001 的规定,评定合格 项目专业质量检查员:×××　　××年×月×日			
监理(建设)单位验收结论		同意施工单位评定结果,验收合格 专业监理工程师:××× (建设单位项目专业技术负责人)　　××年×月×日			

注：因表格格式所限，对预拼装精度检查应按规范《钢结构工程施工质量验收规范》GB 50205—2001 第 9.2.2 条检查，故有附表，此处略。

【填写说明】

1. 总说明

(1) 适用范围：适用于钢构件预拼装工程的质量验收。

(2) 检验批的划分：可按钢结构制作工程检验批的划分原则划分为一个或若干个检验批。

(3) 验收人员：由监理工程师（建设单位项目技术负责人）组织施工项目技术负责人进行验收。

2. 表格项目填写说明

主控项目

多层板叠螺栓孔

1) 规范要求：高强度螺栓和普通螺栓连接的多层板叠，应采用试孔器进行检查，并应符合下列规定：

① 当采用比孔公称直径小 1.0mm 的试孔器检查时，每组孔的通过率不应小于 85%。

② 当采用比螺栓公称直径大 0.3mm 的试孔器检查时，通过率应为 100%。

2) 检查方法：采用试孔器检查。检查数量：按预拼装单元全数检查。

3) 填写说明与依据：分段构件预拼装或构件与构件的总体预拼装，如为螺栓连接，在预拼装时，所用节点连接板均应装上，除检查各部尺寸外，还应采用试孔器检查板叠孔的通过率。本条规定了预拼装的偏差值和检验方法。

一般项目

预拼装精度

1) 规范要求：预拼装的允许偏差应符合表 6-16 的规定。

2) 检查方法：见表 6-16。检查数量：按预拼装单元全数检查。

3) 填写说明与依据：

钢构件预拼装的允许偏差（单位：mm） 表 6-16

构件类型	项目		允许偏差	检验方法
多节柱	预拼装单元总长		±5.0	用钢尺检查
	预拼装单元弯曲矢高		$l/1500$，且不应大于 10.0	用拉线和钢尺检查
	接口错边		2.0	用焊缝量规检查
	预拼装单元柱身扭曲		$h/200$，且不应大于 5.0	用拉线、吊线和钢尺检查
梁、桁架	顶紧面至任一牛腿距离		±2.0	用钢尺检查
	跨度最外两端安装孔或两端支承面最外侧距离		+5.1 −10.0	
	接口截面错位		2.0	用焊缝量规检查
	拱度	设计要求起拱	$\pm l/5000$	用拉线和钢尺检查
		设计未要求起拱	$l/2000$ 0	
	节点处杆件轴线错位		4.0	划线后用钢尺检查
管构件	预拼装单元弯曲矢高		$l/1500$，且不应大于 10.0	用拉线和钢尺检查
	对口错边		$t/10$，且不应大于 3.0	用焊缝量规检查
	坡口错边		+2.0 −1.0	
构件平面总体预拼装	各楼层柱距		±4.0	用钢尺检查
	相邻楼层梁与梁之间距离		±3.0	
	各层间框架两对角线之差		$H/2000$，且不应大于 5.0	
	任意两对角线之差		$\sum H/2000$，且不应大于 8.0	

3. 规范规定的其他检查项目

《钢结构工程施工质量验收规范》GB 50205—2001

（1）第 9.1.3 条 预拼装所用的支承凳或平台应测量找平，检查时应拆除全部临时固定和拉紧装置。

（2）第 9.1.4 条 进行预拼装的钢构件，其质量应符合设计要求和 GB 50205 中合格质量标准的规定。

6.0.9 钢网架安装工程检验批质量验收记录

《钢网架安装工程检验批质量验收记录表》填写范例及说明见表 6-17。

钢网架安装工程检验批质量验收记录表

GB 50205—2001 **表 6-17**

020408☒☒☒

单位(子单位)工程名称		××工程			
分部、子分部工程名称		主体结构 钢结构		**验收部位**	共享大厅
施工单位		××钢结构工程有限公司		**项目经理**	×××
分包单位		/		**分包项目经理**	/
施工执行标准名称及编号		钢结构工程施工工艺标准(QB×××—××)			
施工质量验收规范的规定				**施工单位检查评定记录**	**监理(建设)单位验收记录**
主控项目	1	**基础验收**	**第 12.2.1，12.2.2 条**	钢网架结构支座定位轴线的位置、支座、锚栓的规格符合设计要求	主控项目全部符合设计及规范要求
	2	**支座**	**第 12.2.3，12.2.4 条**	支承垫块的种类、规格、摆放位置和朝向、锚栓的紧固等均符合设计要求	
	3	**橡胶垫**	**第 4.10.1 条**	检查产品合格证(编号××)等，符合设计要求	
	4	**拼装精度**	**第 12.3.1，12.3.2 条**	小拼单元、中拼单元的偏差值均符合设计要求	
	5	**节点承载力试验**	**第 12.3.3 条**	按设计进行节点承载力试验合格，见试验报告(编号××)，符合规范要求	
	6	**结构挠度**	**第 12.3.4 条**	所测的挠度值小于设计值的 1.15 倍，见检测报告(编号××)	
一般项目	1	**锚栓精度**	**第 12.2.5 条**	锚栓露出长度和螺纹长度均符合设计要求	一般项目检查均符合设计及规范要求
	2	**结构表面**	**第 12.3.5 条**	节点及杆件表面干净，无明显的疤痕、泥沙和污垢、多余螺孔、接缝用油腻子填嵌严密	
	3	**安装精度**	**第 12.3.6 条**	纵向、横向长度，支座中心偏移，支座最大高差等均符合设计要求	
	4	**高强度螺栓紧固**	**第 6.3.8 条**	用力矩扳手测试，符合设计及规范要求	
施工单位检查评定结果			**专业工长(施工员)** ×××	**施工班组长**	×××
			经检查，主控项目、一般项目均符合设计要求和《钢结构工程施工质量验收规范》GB 50205—2001 的规定，评定合格 **项目专业质量检查员：**××× ××年×月×日		
监理(建设)单位验收结论			同意施工单位评定结果，验收合格 **专业监理工程师：**××× **(建设单位项目专业技术负责人)** ××年×月×日		

【填写说明】

1. 总说明

(1) 适用范围：适用于建筑工程中的平板型钢网格结构（简称钢网架结构）安装工程的质量验收。

(2) 检验批的划分：钢网架结构安装工程可按变形缝、施工段或空间刚度单元划分成一个或若干检验批。

(3) 验收人员：由监理工程师（建设单位项目技术负责人）组织施工项目技术负责人进行验收。

2. 表格项目填写说明

主控项目

(1) 基础验收

1) 规范要求：钢网架结构支座定位轴线的位置、支座锚栓的规格应符合设计要求。

检查方法：用经纬仪和钢尺实测。检查数量：按支座数抽查10%，且不应少于4处。

2) 规范要求：支承面顶板的位置、标高、水平度以及支座锚栓位置的允许偏差应符合表6-18的规定。

支承面顶板位置、标高水平高及支座锚栓位置的允许偏差（单位：mm）　　**表6-18**

项　　目		允许偏差
支承面顶板	位置	15.0
	顶面标高	0 −3.0
	顶面水平度	$l/100$
支座锚栓	中心偏移	±5.0

检查方法：用经纬仪、水准仪、水平尺和钢尺实测。检查数量：按支座数抽查10%且不应少于4处。

3) 填写说明与依据：钢网架结构（以下简称网架）各部位节点（螺栓球节点、焊接球节点、焊接钢板节点）、杆件（钢管、型钢）、连接件（封板、锥头、套筒、高强度螺栓等）的材质、规格、品种及焊接材料等，必须符合设计要求和相应的国家现行标准《钢网架螺栓球节点》（JG/T 10—2009），《钢网架焊接空心球节点》JG/T 11—2009以及《钢结构工程施工工程施工质量验收规范》GB 50205—2001的有关规定。其中有混凝土结构工程时，其施工质量应符合现行国家标准《混凝土结构工程施工质量验收规范》GB 50204—2001的有关规定。

(2) 支座

1) 规范要求：支承垫块的种类、规格、摆放位置和朝向，必须符合设计要求和国家现行有关标准的规定。橡胶垫块与刚性垫块之间或不同类型刚性垫块之间不得互换使用。

检查方法：观察和用钢尺实测。检查数量：按支座数抽查10%，且不应少于4处。

2) 规范要求：网架支座锚栓的紧固应符合设计要求。

检查方法，观察检查。检查数量：按支座数抽查10%，且不应少于4处。

3) 填写说明与依据：

① 橡胶垫板的长边应顺网架支座切线方向平行放置；与支柱或基座的钢板或混凝土间接触面，可用胶结剂粘结固定。

② 橡胶垫板上的锚栓孔直径应大于锚栓直径 10mm。

③ 在橡胶垫板四周可涂以防止橡胶老化的酚醛树脂，并粘结泡沫塑料；同时应考虑由于长期使用后，橡胶老化需要更换的可行性。

④ 橡胶垫板在安装、使用过程中，应避免与油脂等油类物质以及其他对橡胶有害的物质接触。

（3）橡胶垫

1）规范要求：钢结构用橡胶垫的品种、规格、性能等应符合现行国家产品标准和设计要求。

2）检查方法：检查产品的质量合格证明文件、中文标志及检验报告等。检查数量：全数检查。

3）填写说明与依据：材料性能应符合设计要求和表 6-19 的规定。

橡胶垫板的材料性能　**表 6-19**

胶料的物理机械性能

胶料类型	硬度(邵氏)	扯断力(MPa)	伸长率(%)	300%定伸强度(MPa)	扯断永久变形(%)	适用温度不低于(℃)
氯丁橡胶	60±5	≥18.63	≥4.50	≥7.84	≤25	−25
天然橡胶	60±5	≥18.63	≥5.00	>8.82	≤20	−40

橡胶垫板的力学性能

允许抗压强度[σ](MPa)	极限破坏强度(MPa)	抗压弹性模量 E(MPa)	剪变模量 G(MPa)	摩擦系数 μ
7.84～9.80	>58.82	由形状系数 β 查得	0.98～1.47	与钢接触 0.2 与混凝土接触 0.3

β-E 关系

β	4	5	6	7	8	9	10	11	12
E(MPa)	196	265	333	412	490	579	657	745	843
β	13	14	15	16	17	18	19	20	
E(MPa)	932	1040	1157	1285	1422	1559	1706	1863	

胶料的物理机械性能

附　注	附　图
支座形状系统 $\beta=\frac{ab}{2(a+b)t_2}$ a，b 为支座短边及长边长度(mm)； t_2 为中间橡胶层厚度(mm)； t_0 为钢板厚度。	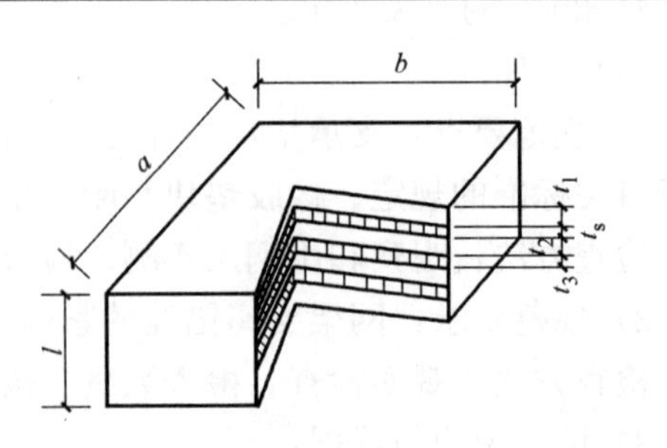

（4）拼装精度

1）规范要求：小拼单元的允许偏差应符合表6-20的规定。

检查方法：用钢尺和拉线等辅助量具实测。检查数量：按单元数抽查5%，且不应少于5个。

小拼单元的允许偏差（单位：mm） **表6-20**

项目			允许偏差
节点中心偏移			2.0
焊接球节点与钢管中心的偏移			1.0
杆件轴线的弯曲矢高			L_1/1000，且不应大于5.0
锥体型小拼单元	弦杆长度		±2.0
	锥体高度		±2.0
	上弦杆对角线长度		±3.0
平面桁架型小拼单元	跨长	≤24m	+3.0 −7.0
		>24m	+5.0 −10.0
	跨中高度		±3.0
	跨中拱度	设计要求起拱	±L/5000
		设计未要求起拱	+10.0

注：1. L_1为杆件长度。
2. L为跨长。

2）规范要求：中拼单元的允许偏差应符合表6-21的规定。

检查方法：用钢尺和辅助量具实测。检查数量：全数检查。

中拼单元的允许偏差（单位：mm） **表6-21**

项目		允许偏差
单元长度≤20m，拼接长度	单跨	±10.0
	多跨连接	±5.0
单元长度>20m，拼接长度	单跨	±20.0
	多跨连接	±10.0

（5）节点承载力试验

1）规范要求：对建筑结构安全等级为一级，跨度40m及以上的公共建筑钢网架结构，且设计有要求时，应按下列项目进行节点承载力试验，其结果应符合以下规定：

① 焊接球节点应按设计指定规格的球及其匹配的钢管焊接成试件，进行轴心拉、压承载力试验，其试验破坏荷载值大于或等于1.6倍设计承载力为合格。

② 螺栓球节点应按设计指定规格的球最大螺栓孔螺纹进行抗拉强度保证荷载试验。

当达到螺栓的设计承载力时，螺孔、螺纹及封板仍完好无损为合格。

2）检查方法：在万能试验机上进行检验，检查试验报告。检查数量：每项试验做 3 个试件。

3）填写说明与依据：

① 焊接空心球承载能力试验，一般采用单向拉、压试验。单向拉力试验试件简图 6-1 所示，单向压力试验试件简图如图 6-2 所示，试验在拉压试验机上进行。

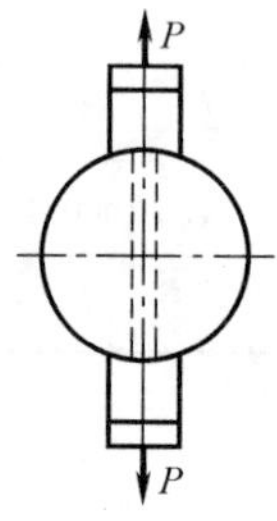

图 6-1　单向拉力试验

图 6-2　单向压力试验

② 焊接空心球随机抽样，试件用的钢管按《钢网架焊接空心球节点》JG/T 11—2009 表 1 和表 2 相应级配，在加肋钢球上焊接钢管应焊在加肋方向，焊缝应全熔透，试验结果应符合《钢网架焊接空心球节点》JG/T 11—2009 表 1 和表 2 规定数值。

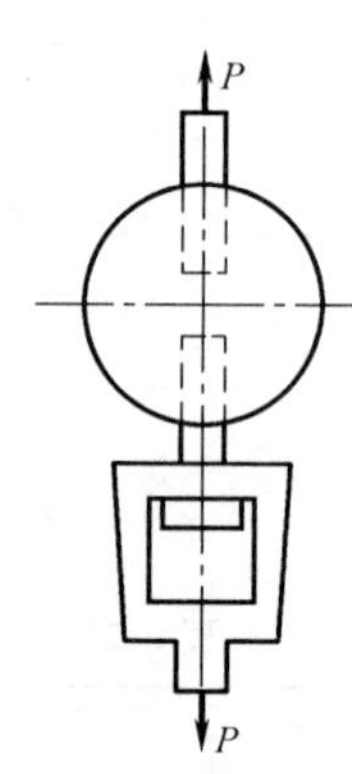

图 6-3　螺栓球试件拉力载荷简图

③ 螺栓球和高强度螺栓组成的拉力载荷试件简图如图 6-3 所示，试件在批量产品中随机抽样，采用单向拉伸试验方法，在拉力试验机上进行，试验实测结果应符合《钢网架螺栓球节点》JG/T 10—2009 表 7-45要求。

④ 高强度螺栓和螺钉的硬度试验应符合《钢网架螺栓球节点》JG/T 10—2009 第 5.3.2 条要求。检查方法按《紧固件机械性能　螺栓、螺钉和螺柱》GB 3098.1—2000 中有关规定进行。当硬度检验与上条检验结果有矛盾时，应以拉力载荷试验结果为准。

（6）结构挠度

1）规范要求：钢网架结构总拼完成后及屋面工程完成后应分别测量其挠度值，且所测的挠度值不应超过相应设计值的 1.15 倍。

2）检查方法：用钢尺和水准仪实测。检查数量：跨度 24m 及以下钢网架结构测量下弦中央一点；跨度 24m 以下钢网架结构测量下弦中央一点及各向下弦跨度的四等分点。

一般项目

（1）锚栓精度

1）规范要求：支座锚栓尺寸的允许偏差应符合 GB 50205 中表 10.2.5 的规定。支座锚栓的螺纹应受到保护。

2）检查方法：用钢尺实测。检查数量：按支座数抽查 10%，且不应少于 4 处。

（2）结构表面

1）规范要求：钢网架结构安装完成后，其节点及杆件表面应干净，不应有明显的疤痕、泥沙和污垢。螺栓球节点应将所有接缝用油腻子填嵌严密，并应将多余螺孔封口。

2）检查方法：观察检查。检查数量：按节点及杆件数抽查5%，且不应少于10个节点。

（3）安装精度

1）规范要求：钢网架结构安装完成后。其安装的允许偏差应符合表6-22的规定。

2）检查方法：见表8-45。检查数量：除杆件弯曲矢高按杆件数抽查5%外，其余全数检查。

钢网架结构安装的允许偏差（单位：mm） **表6-22**

项　目	允许偏差	检验方法
纵向、横向长度	L/2000，且不应大于30.0 $-L$/2000，且不应小于-30.0	用钢尺实测
支座中心偏移	L/3000，且不应大于30.0	用钢尺和经纬仪实测
周边支承网架相邻支座高差	L/400，且不应大于15.0	用钢尺和水准仪实测
支座最大高差	30.0	
多点支承网架相邻支座高差	L_1/800，且不应大于30.0	

注：1. L为纵向、横向长度；

2. L_1为相邻支座间距。

（4）高强度螺栓紧固

1）规范要求：螺栓球节点网架总拼完成后，高强度螺栓与球节点应紧固连接，高强度螺栓拧入螺栓球内的螺纹长度不应小于1.0d（d为螺栓直径），连接处不应出现有间隙、松动等未拧紧情况。

2）检查方法：普通扳手及尺量检查。检查数量：按节点数抽查5%，但不应少于10个。

3. 规范规定的其他检查项目

《钢结构工程施工质量验收规范》GB 50205—2001

（1）第12.1.3条　钢网架结构安装检验批应在进场验收和焊接连接、紧固件连接、制作等分项工程验收合格的基础上进行验收。

（2）第10.1.4条　安装的测量校正、高强度螺栓安装、负温度下施工及焊接工艺等，应在安装前进行工艺试验或评定，并应在此基础上制定相应的施工工艺或方案。

（3）第10.1.5条　安装偏差的检测，应在结构形成空间刚度单元并连接固定后进行。

（4）第10.1.6条　安装时，必须控制屋面、楼面、平台等的施工荷载，施工荷载和冰雪荷载等严禁超过梁、桁架、楼面板、屋面板、平台铺板等的承载能力。

6.0.10 钢结构防腐涂料涂装工程检验批质量验收记录

《钢结构防腐涂料涂装工程检验批质量验收记录表》填写范例及说明表 6-23。

钢结构防腐涂料涂装工程检验批质量验收记录表

GB 50205—2001

表 6-23

010905□□□　　020410☒☒☒

<table>
<tr><td colspan="4">单位(子单位)工程名称</td><td colspan="4">××工程</td></tr>
<tr><td colspan="4">分部、子分部工程名称</td><td colspan="2">主体结构　钢结构</td><td>验收部位</td><td>共享大厅</td></tr>
<tr><td colspan="3">施工单位</td><td colspan="3">××钢结构工程有限公司</td><td>项目经理</td><td>×××</td></tr>
<tr><td colspan="3">分包单位</td><td colspan="3">/</td><td>分包项目经理</td><td>/</td></tr>
<tr><td colspan="4">施工执行标准名称及编号</td><td colspan="4">钢结构工程施工工艺标准(QB ×××—××)</td></tr>
<tr><td colspan="4">施工质量验收规范的规定</td><td colspan="3">施工单位检查评定记录</td><td>监理(建设)单位验收记录</td></tr>
<tr><td rowspan="3">主控项目</td><td>1</td><td>涂料性能</td><td>第 4.9.1 条</td><td colspan="3">检查检测报告(编号××),符合设计和标准要求</td><td rowspan="3">涂料性能、涂装基层验收、厚度均符合规范及设计要求</td></tr>
<tr><td>2</td><td>涂装基层验收</td><td>第 14.2.1 条</td><td colspan="3">基层采用油性酚醛处理,除锈等级符合设计要求</td></tr>
<tr><td>3</td><td>涂层厚度</td><td>第 14.2.2 条</td><td colspan="3">涂料、涂装遍数、涂层厚度均符合设计要求,见涂层测厚记录(编号××)</td></tr>
<tr><td rowspan="4">一般项目</td><td>1</td><td>涂料质量</td><td>第 4.9.3 条</td><td colspan="3">涂料颜色符合设计要求,且在有效期内,无结皮、结块、凝胶现象,符合规范要求</td><td rowspan="4">构件表面质量、涂料质量及标志均符合规范及等设计要求</td></tr>
<tr><td>2</td><td>表面质量</td><td>第 14.2.3 条</td><td colspan="3">涂层均匀、无明显的皱皮、流坠、针眼和气泡等</td></tr>
<tr><td>3</td><td>附着力测试</td><td>第 14.2.4 条</td><td colspan="3">按设计进行深层附着力测试,深层完整度 80%,见测试记录(编号××)</td></tr>
<tr><td>4</td><td>标志</td><td>第 14.2.5 条</td><td colspan="3">构件标志、标记和编号清晰、完整</td></tr>
<tr><td colspan="3" rowspan="2">施工单位
检查评定结果</td><td>专业工长(施工员)</td><td>×××</td><td colspan="2">施工班组长</td><td>×××</td></tr>
<tr><td colspan="5">经检查、主控项目,一般项目均符合设计要求和《钢结构工程施工质量验收规范》GB 50205—2001 的规定,评定合格
项目专业质量检查员:×××　　××年×月×日</td></tr>
<tr><td colspan="3">监理(建设)单位
验收结论</td><td colspan="5">同意施工单位评定结果,验收合格
专业监理工程师:×××
(建设单位项目专业技术负责人)　　××年×月×日</td></tr>
</table>

【填写说明】

1. 总说明

(1) 适用范围：适用于钢结构的防腐涂料（油漆类）涂装工程的施工质量验收。

(2) 检验批的划分：钢结构涂装工程可按钢结构制作或钢结构安装工程检验批的划分原则划分成一个或若干个检验批。

(3) 验收人员：由监理工程师（建设单位项目技术负责人）组织施工项目技术负责人进行验收。

2. 表格项目的填写说明

主控项目

(1) 涂料性能

1) 规范要求：钢结构防腐涂料、稀释剂和固化剂等材料的品种、规格、性能等应符合现行国家产品标准和设计要求。

2) 检验方法：检查产品的质量合格证明文件、中文标志及检验报告等。检查数量：全数检查。

3) 填写说明与依据：施工前应对涂料名称、型号、颜色等进行检查，应符合设计要求；对超过贮存期应复验，合格后方可使用；涂料及辅助材料，属易燃品，应贮存在通风良好的仓库内，温度宜控制在5～35℃，按原桶密封保管。

(2) 涂装基层验收

1) 规范要求：涂装前钢材表面除锈应符合设计要求和国家现行有关标准的规定。处理后的钢材表面不应有焊渣、焊疤、灰尘、油污、水和毛刺等。当设计无要求时，钢材表面除锈等级应符合表6-24的规定。

2) 检查方法：用铲刀检查和用现行国家标准《涂覆涂料前钢材表面处理　表面清洁度的目视评定　第1部分：未涂覆过的钢材表面和全面清除原有涂层后的钢材表面的锈蚀等级和处理等级》(GB/T 8923.1—2011) 规定的图片对照观察检查。检查数量：按构件数抽查10%，且同类构件不应少于3件。

各种底漆或防锈漆要求最低的除锈等级　　**表 6-24**

涂料品种	除锈等级
油性酚醛、醇酸等底漆或防锈漆	St2
高氯化聚乙烯、氯化橡胶、氯磺化聚乙烯、环氧树脂、聚氨酯等底漆或防锈漆	Sa2
无机富锌、有机硅、过氧乙烯等底漆	Sa2 $\frac{1}{2}$

(3) 涂层厚度

1) 规范要求：涂料、涂装遍数、涂层厚度均应符合设计要求。当设计对涂层厚度无要求时，涂层干漆膜总厚度：室外应为150μm，室内应为125μm，其允许偏差为−25μm。每遍涂层干漆膜厚度的允许偏差为−5μm。

2) 检查方法：用干漆膜测厚仪检查。每个构件检测5处，每处的数值为3个相距50mm测点涂层干漆膜厚度的平均值。检查数量：按构件数抽查10%，且同类构件不应少于3件。

一般项目

（1）涂料质量

1）规范要求：防腐涂料和防火涂料的型号、名称、颜色及有效期应与其质量证明文件相符。开启后，不应存在结皮、结块、凝胶等现象。

2）检查方法：观察检查。检查数量：按桶数抽查5%，且不应少于3桶。

（2）表面质量

1）规范要求：构件表面不应误涂、漏涂，涂层不应脱皮和返锈等。涂层应均匀、无明显皱皮、流坠、针眼和气泡等。

2）检查方法：观察检查。检查数量：全数检查。

（3）附着力测试

1）规范要求：当钢结构处在有腐蚀介质环境或外露且设计有要求时，应进行涂层附着力测试，在检测处范围内，当涂层完整程度达到70%以上时，涂层附着力达到合格质量标准的要求。

2）检查方法：按照现行国家标准《漆膜附着力测定法》GB 1720—1979或《色漆和清漆　漆膜的划格试验》GB/T 9286—1998执行。检查数量：按构件数抽查1%，且不应少于3件，每件测3处。

3）填写说明与依据：

检测范围内，涂层完整程度达到70%以上即为合格。

涂层附着力系指漆膜与被涂物体表面粘合牢固的性能。要真正准确的测定比较困难，目前一般采用间接手段（综合测定和剥落测定）来测定，综合测定如在硬度、冲击强度、柔韧性试验中，也可间接地反映出漆膜的附着力；剥落测定有划格法、划圈法、划交叉线法、扭开法、拉开法等。

划圈法常用QFZ-Ⅱ型漆膜附着力试验仪，划出圆滚曲线后在划痕范围内对漆膜完整程度按现行国家标准《漆膜附着力测定法》GB 1720—1979进行评定。

划格法与划交叉线法基本相似，较简单易行。现以划交叉线法举例说明：用6块规格为200mm×200mm（厚度3～5mm）的钢试片，材质及表面处理与构件相同，涂装一遍油漆（油漆及涂装方式与构件相同），待实干后，用锋利小刀或刀片，在油漆表面划交叉线，其夹角为60°，刀痕应划至钢板表面，然后贴上专用胶带，使胶带紧贴漆膜，用手迅速将胶带扯起，当刀痕两侧的涂层被扯下的总宽度最大不超过2mm，即为合格。

（4）标志

1）规范要求：涂装完成后，构件的标志，标记和编号应清晰完整。

2）检查方法：观察检查，检查数量：全数检查。

3．规范规定的其他检查项目

《钢结构工程施工质量验收规范》GB 50205—2001

（1）第14.1.3条　钢结构普通涂料涂装工程应在钢结构构件组装、预拼装或钢结构安装工程检验批的施工质量验收合格后进行。钢结构防火涂料涂装工程应在钢结构安装工程检验批和钢结构普通涂料涂装检验批的施工质量验收合格后进行。

（2）第14.1.4条　涂装时的环境温度和相对湿度应符合涂料产品说明书的要求，当产品说明书无要求时，环境温度宜在5～38℃之间，相对湿度不应大于85%，涂装时构件表面不应有结露；涂装后4h内应保护免受雨淋。

6.0.11 钢结构防火涂料涂装工程检验批质量验收记录

《钢结构防火涂料涂装工程检验批质量验收记录表》填写范例及说明见表6-25。

钢结构防火涂料涂装工程检验批质量验收记录表

GB 50205—2001 **表6-25**

010906□□□ 020411☒☒☒

<table>
<tr><td colspan="4">单位(子单位)工程名称</td><td colspan="3">××工程</td></tr>
<tr><td colspan="4">分部、子分部工程名称</td><td>主体结构 钢结构</td><td>验收部位</td><td>共享大厅</td></tr>
<tr><td colspan="3">施工单位</td><td colspan="2">××钢结构工程有限公司</td><td>项目经理</td><td>×××</td></tr>
<tr><td colspan="3">分包单位</td><td colspan="2">/</td><td>分包项目经理</td><td>/</td></tr>
<tr><td colspan="4">施工执行标准名称及编号</td><td colspan="3">钢结构工程施工工艺标准(QB ×××—××)</td></tr>
<tr><td colspan="4">施工质量验收规范的规定</td><td colspan="2">施工单位检查评定记录</td><td>监理(建设)单位验收记录</td></tr>
<tr><td rowspan="5">主控项目</td><td>1</td><td>涂料性能</td><td>第4.9.2条</td><td colspan="2">检查涂料的质量合格证书(编号××)、检测报告(编号××)等,涂料性能符合设计要求</td><td rowspan="5">涂料性能、涂装基层质量,强度试验,薄涂型防火涂料涂层厚度及表面裂纹宽度均符合规范及设计要求</td></tr>
<tr><td>2</td><td>涂装基层验收</td><td>第14.3.1条</td><td colspan="2">表面防锈达st2级、防锈底漆装合格,见防锈涂装验收记录</td></tr>
<tr><td>3</td><td>强度试验</td><td>第14.3.2条</td><td colspan="2">符合标准规范,见产品合格证明(编号××)和性能检测报告(编号××)</td></tr>
<tr><td>4</td><td>涂层厚度</td><td>第14.3.3条</td><td colspan="2">涂层厚度符合有关耐火极限的设计要求</td></tr>
<tr><td>5</td><td>表面裂纹</td><td>第14.3.4条</td><td colspan="2">尺量检查,薄涂型防火涂料涂层表面裂纹宽度最大为0.2mm</td></tr>
<tr><td rowspan="3">一般项目</td><td>1</td><td>产品质量</td><td>第4.9.3</td><td colspan="2">检查检测报告(编号××),符合设计和标准要求</td><td rowspan="3">产品质量、涂装基层及涂层表面质量均符合设计及规范及设计要求</td></tr>
<tr><td>2</td><td>基层表面</td><td>第14.3.5条</td><td colspan="2">基层无油污、灰尘和泥砂等污垢</td></tr>
<tr><td>3</td><td>涂层表面质量</td><td>第14.3.6条</td><td colspan="2">涂层闭合无脱层、空鼓、明显凹陷、粉化松散等外观缺陷,乳突已剔除</td></tr>
<tr><td colspan="4" rowspan="2">施工单位
检查评定结果</td><td>专业工长(施工员)</td><td>×××</td><td>施工班组长 ×××</td></tr>
<tr><td colspan="3">经检查、主控项目,一般项目均符合设计要求和《钢结构工程施工质量验收规范》GB 50205—2001的规定,评定合格
项目专业质量检查员:××× ××年×月×日</td></tr>
<tr><td colspan="4">监理(建设)单位
验收结论</td><td colspan="3">同意施工单位评定结果,验收合格
专业监理工程师:×××
(建设单位项目专业技术负责人) ××年×月×日</td></tr>
</table>

【填写说明】

1. 总说明

（1）适用范围：适用于钢结构的防火涂料涂装工程的施工质量验收。

（2）检验批的划分：钢结构涂装工程可按钢结构制作或钢结构安装工程检验批的划分原则划分成一个或若干个检验批。

（3）验收人员：由监理工程师（建设单位项目技术负责人）组织施工项目技术负责人进行验收。

2. 表格项目的填写说明

主控项目

（1）涂料性能

1）规范要求：钢结构防火涂料的品种和技术性能应符合设计要求，并应经过具有资质的检测机构检测符合国家现行有关标准的规定。

2）检查方法：检查产品的质量合格证明文件、中文标志及检验报告等。检查数量：全数检查。

3）填写说明与依据：钢结构表面防火涂料分厚涂型和薄涂型两类，其技术性能应按其相应的产品标准和国家标准《钢结构防火涂料》GB 14907—2002 进行验收。主要技术参数如粘结强度和抗压强度应按《钢结构防火涂料应用技术规范》CECS 24：90 的规定进行抽检。

（2）涂装基层验收

1）规范要求：防火涂料涂装前钢材表面除锈及防锈底漆涂装应符合设计要求和国家现行有关标准的规定。

2）检查方法：表面除锈用铲刀检查和用现行国家标准《涂覆涂料前钢材表面处理表面清洁度的目视评定 第 1 部分：未涂覆过的钢材表面和全面清除原有涂层后的钢材表面的锈蚀等级和处理等级》GB/T 8923.1—2011 规定的图片对照观察检查。底漆涂装用于漆膜测厚仪检查，每个构件检测 5 处，每处的数值为 3 个相距 50mm 测点涂层干漆膜厚度的平均值。检查数量：按构件数抽查 10%，且同类构件不应少于 3 件。

（3）强度试验

1）规范要求：钢结构防火涂料的粘结强度、抗压强度应符合国家现行标准《钢结构防火涂料应用技术规范》CECS 24：90 的规定。检验方法应符合现行国家标准《建筑构件耐火试验方法 第 3 部分：试验方法和试验数据应用注释》GB/T 9978.3—2008 的规定。

2）检查方法：检查复检报告。检查数量：每使用 100t 或不足 100t 薄涂型防火涂料应抽检一次黏结强度；每使用 500t 或不足 500t 厚涂型防火涂料应抽检一次粘结强度和抗压强度。

（4）涂层厚度

1）规范要求：薄涂型防火涂料的涂层厚度应符合有关耐火极限的设计要求。厚涂型防火涂料涂层的厚度，80%及以上面积应符合有关耐火极限的设计要求，且最薄处厚度不应低于设计要求的 85%。

2）检查方法：用涂层厚度测量仪、测针和钢尺检查。测量方法应符合国家现行标准《钢结构防火涂料应用技术规范》CECS 24：90 的规定及钢结构防火涂料涂层厚度测定方法。检查数量：按同类构件数抽查 10%，且均不应少于 3 件。

3）填写说明与依据：

钢结构防火涂料涂层厚度测定方法。

① 测针：

测针（厚度测量仪），由针杆和可滑动的圆盘组成，圆盘始终保持与针杆垂直，并在其上装有固定装置，圆盘直径不大于30mm，以保证完全接触被测试件的表面。如果厚度测量仪不易插入被插材料中，也可使用其他适宜的方法测试。

测试时，将测厚探针（图6-4）垂直插入防火涂层直至钢基材表面上，记录标尺读数。

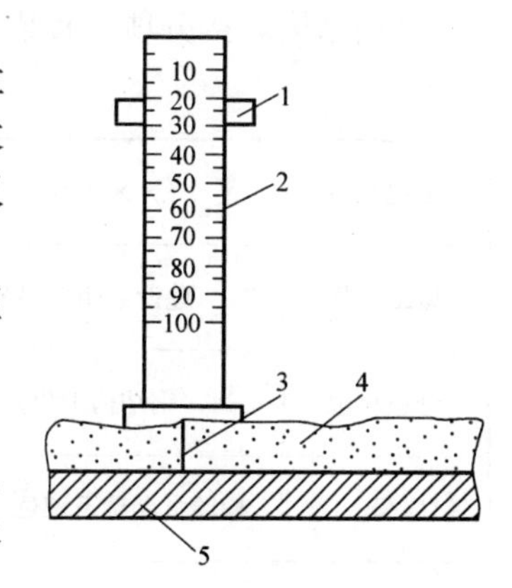

图6-4 测厚度示意图

1—标尺；2—刻度；3—测针；4—防火涂层；5—钢基材

② 测点选定：

a. 楼板和防火墙的防火涂层厚度测定，可选两相邻纵、横轴线相交中的面积为一个单元，在其对角线上，按每米长度选一点进行测试。

b. 全钢框架结构的梁和柱的防火涂层厚度测定，在构件长度内每隔3m取一截面，按图6-5所示位置测试。

c. 桁架结构，上弦和下弦按第2款的规定每隔3m取一截面检测，其他腹杆每根取一截面检测。

③ 测量结果：对于楼板和墙面，在所选择的面积中，至少测出5个点：对于梁和柱在所选择的位置中，分别测出6个和8个点。分别计算出它们的平均值，精确到0.5mm。

（5）表面裂纹

1）规范要求：薄涂型防火涂料涂层表面裂纹宽度不应大于0.5mm；厚涂型防火涂料涂层表面裂纹宽度不应大于1mm。

2）检查方法：观察和用尺量检查。检查数量：按同类构件数抽查10%，且均不应少于3件。

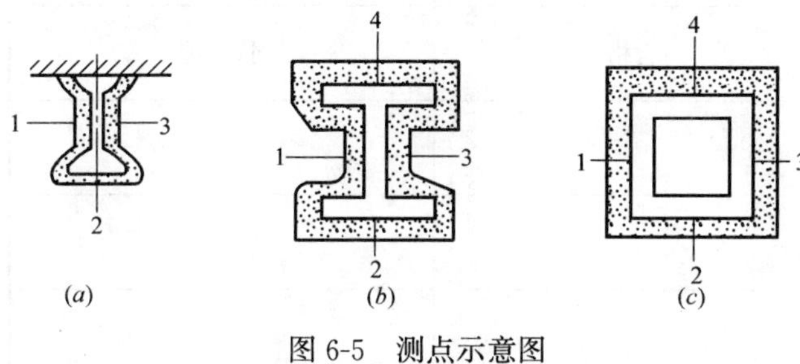

图6-5 测点示意图

（a）Ⅰ字梁；（b）Ⅰ型柱；（c）方形柱

一般项目

（1）产品质量

1）规范要求：防腐涂料和防火涂料的型号、名称、颜色及有效期应与其质量证明文件相符。开启后，不应存在结皮、结块、凝胶等现象。

2）检查方法：观察检查。检查数量：按桶数抽查5%，且不应少于3桶。

（2）基层表面

1）规范要求：防火涂料涂装基层不应有油污、灰尘和泥砂等污垢。

2）检查方法：观察检查。检查数量：全数检查。

（3）涂层表面质量

1）规范要求：防火涂料不应有误涂、漏涂，涂层应闭合无脱层、空鼓、明显凹陷、粉化松散和浮浆等外观缺陷，乳突已剔除。

2）检查方法：观察检查。检查数量：全数检查。

3. 规范规定的其他检查项目

参见“《钢结构防腐涂料涂装工程检验批质量验收记录》填写范例及说明”中相关说明。

6.0.12 钢结构焊接分项工程质量验收记录

《钢结构焊接分项工程质量验收记录表》填写范例见表6-26。

钢结构焊接 分项工程质量验收记录 表6-26

工程名称	××工程	结构类型	钢结构	检验批数	7
施工单位	××建设集团有限公司	项目经理	×××	项目技术负责人	×××
分包单位	××钢结构工程公司	分包单位负责人	×××	分包项目经理	×××
序号	检验批名称及部位、区段	施工单位检查评定结果		监理(建设)单位验收意见	
1	抗风柱焊接	合格		同意验收	
2	中柱焊接	合格		同意验收	
3	边柱焊接	合格		同意验收	
4	吊车梁焊接	合格		同意验收	
5	屋架焊接	合格		同意验收	
6	主梁	合格		同意验收	
7	次梁	合格		同意验收	
检验批质量检查记录		完整		完整	
备注					
施工单位检查结论	合格 项目专业技术负责人：××× ××年×月×日		监理(建设)验收结论	同意验收 监理工程师：××× (建设单位项目专业技术负责人) ××年×月×日	

6.0.13 钢结构紧固件连接分项工程质量验收

《钢结构紧固件连接分项工程质量验收表》填写范例见表 6-27。

钢结构焊接 分项工程质量验收记录 表 6-27

工程名称	××工程	结构类型	轻钢结构	检验批数	15
施工单位	××建设集团有限公司	项目经理	×××	项目技术负责人	×××
分包单位	××钢结构工程公司	分包单位负责人	×××	分包项目经理	×××

序号	检验批名称及部位、区段	施工单位检查评定结果	监理(建设)单位验收意见
1	高强螺栓	合格	检验批验收齐全、真实有效
2	普通螺栓	合格	
3	焊钉焊接	合格	
备注			
施工单位检查结论	合格 项目专业技术负责人:××× ××年×月×日	监理(建设)验收结论	同意验收 监理工程师:××× (建设单位项目专业技术负责人) ××年×月×日

6.0.14 钢结构（构件组装）分项工程质量验收

《钢结构（构件组装）分项工程质量验收表》填写范例见表 6-28。

钢结构（构件组装）分项工程质量验收记录　　表 6-28

工程名称	××工程	结构类型	钢结构	检验批数	××
施工单位	××建设集团有限公司	项目经理	×××	项目技术负责人	×××
分包单位	××钢结构工程公司	分包单位负责人	×××	分包项目经理	×××

序号	检验批名称及部位、区段	施工单位检查评定结果	监理(建设)单位验收意见
1	抗风柱	合格	同意验收
2	中柱	合格	
3	边柱	合格	
4	屋架	合格	
5	吊车梁	合格	
6	主梁	合格	
7	次梁	合格	
备注			

施工单位检查结论	合格 项目专业技术负责人：××× ××年×月×日	监理(建设)验收结论	同意验收 监理工程师：××× （建设单位项目专业技术负责人） ××年×月×日

6.0.15 钢结构（预拼装）分项工程质量验收记录

《钢结构（预拼装）分项工程质量验收记录表》填写范例见表 6-29。

钢结构（预拼装） 分项工程质量验收记录 表 6-29

<table>
<tr><td>工程名称</td><td colspan="3">××工程</td><td>结构类型</td><td colspan="2">钢结构</td></tr>
<tr><td>分项工程名称</td><td colspan="3">××钢构件预拼装工程</td><td>检验批数</td><td colspan="2">4</td></tr>
<tr><td>施工单位</td><td colspan="3">××钢结构工程公司</td><td>项目经理</td><td colspan="2">×××</td></tr>
<tr><td>施工依据标准</td><td colspan="4">《钢结构工程施工质量验收规范》GB 50205—2011</td><td>专业工长(施工员)</td><td>×××</td></tr>
<tr><td>分包单位</td><td colspan="2">/</td><td>分包单位负责人</td><td>/</td><td>施工班组长</td><td>×××</td></tr>
<tr><td colspan="4">质量验收规范的规定</td><td colspan="2">施工单位自检记录</td><td>监理(建设)单位验收结论</td></tr>
<tr><td rowspan="2">主控项目</td><td>1</td><td colspan="2">多层板叠螺栓孔(9.2.1条)</td><td colspan="2">符合要求</td><td rowspan="6">验收合格</td></tr>
<tr><td></td><td colspan="2"></td><td colspan="2"></td></tr>
<tr><td rowspan="2">一般项目</td><td>1</td><td colspan="2">预拼装精度(9.2.2条)</td><td colspan="2">符合要求</td></tr>
<tr><td></td><td colspan="2"></td><td colspan="2"></td></tr>
<tr><td colspan="4">施工操作依据</td><td colspan="2">完整</td></tr>
<tr><td colspan="4">质量检查记录(质量证明文件)</td><td colspan="2">完整</td></tr>
<tr><td>施工单位检查结果评定</td><td colspan="6">合格
项目专业 项目专业
质量检查员：××× 技术负责人：××× ××年×月×日</td></tr>
<tr><td>监理(建设)单位验收结论</td><td colspan="6">同意验收
专业监理工程师：×××
(建设单位项目专业技术负责人) ××年×月×日</td></tr>
</table>

6.0.16 钢结构子分部工程验收

钢结构子分部工程验收记录表见表 6-30。

<u>钢结构</u> 子分部工程验收记录表　　　　表 6-30

<table>
<tr><td colspan="3">单位(子单位)工程名称</td><td colspan="2">××工程</td><td>结构类型及层数</td><td colspan="2">钢结构 ×层</td></tr>
<tr><td colspan="2">施工单位</td><td colspan="2">××建设集团有限公司</td><td>技术部门负责人</td><td>×××</td><td>质量部门负责人</td><td>×××</td></tr>
<tr><td colspan="2">分包单位</td><td colspan="2">××钢结构工程有限公司</td><td>分包单位负责人</td><td>×××</td><td>分包技术负责人</td><td>×××</td></tr>
<tr><td colspan="2">序号</td><td colspan="2">子分部(分项)工程名称</td><td>分项工程
(检验批)数</td><td>施工单位
检查评定</td><td colspan="2">验收意见</td></tr>
<tr><td rowspan="8">1</td><td>1</td><td colspan="2">钢结构焊接</td><td>6</td><td>√</td><td colspan="2" rowspan="8">钢结构各分项工程验收合格</td></tr>
<tr><td>2</td><td colspan="2">紧固件连接</td><td>6</td><td>√</td></tr>
<tr><td>3</td><td colspan="2">钢零部件加工</td><td>6</td><td>√</td></tr>
<tr><td>4</td><td colspan="2">多层钢结构安装</td><td>6</td><td>√</td></tr>
<tr><td>5</td><td colspan="2">钢结构涂装</td><td>3</td><td>√</td></tr>
<tr><td>6</td><td colspan="2">钢构件组装</td><td>6</td><td>√</td></tr>
<tr><td>7</td><td colspan="2">钢构件预拼装</td><td>6</td><td>√</td></tr>
<tr><td>8</td><td colspan="2">压型金属板</td><td>1</td><td>√</td></tr>
<tr><td>2</td><td colspan="3">质量控制资料</td><td colspan="2">完整、符合要求</td><td colspan="2">各分项工程质量控制资料齐全</td></tr>
<tr><td>3</td><td colspan="3">安全和功能检验(检测)报告</td><td colspan="2">检验合格，符合要求</td><td colspan="2">同意施工单位评定</td></tr>
<tr><td>4</td><td colspan="3">观感质量验收</td><td colspan="2">工程观感质量评价为好</td><td colspan="2">同意施工单位评定</td></tr>
<tr><td rowspan="5">验收单位</td><td colspan="2">分包单位</td><td colspan="5">项目经理：×××　　××年×月×日</td></tr>
<tr><td colspan="2">施工单位</td><td colspan="5">项目经理：×××　　××年×月×日</td></tr>
<tr><td colspan="2">勘察单位</td><td colspan="5">项目负责人：　　××年×月×日</td></tr>
<tr><td colspan="2">设计单位</td><td colspan="5">项目负责人：×××　　××年×月×日</td></tr>
<tr><td colspan="2">监理(建设)
单位</td><td colspan="5">各分项工程均符合施工质量验收规范要求，质量控制资料及安全和功能检验(检测)报告齐全、合格、观感质量良好，同意施工单位评定结果，验收合格
总监理工程师：×××
(建设单位项目专业负责人)　　××年×月×日</td></tr>
</table>

注：地基基础、主体结构分部工程质量验收不填写“分包单位”、“分包单位负责人”和“分包技术负责人”。地基基础、主体结构分部工程验收勘察单位应签认，其他分部工程验收勘察单位可不签认。

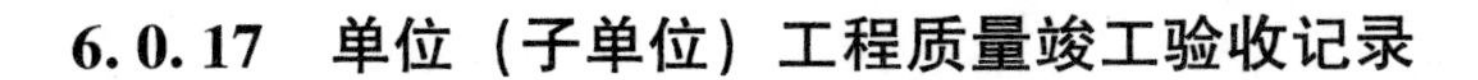

6.0.17 单位（子单位）工程质量竣工验收记录

单位（子单位）工程质量竣工验收记录见表 6-31。

单位（子单位）工程质量竣工验收记录 **表 6-31**

<table>
<tr><td colspan="2">工程名称</td><td>××工程</td><td>结构类型</td><td>框架剪力墙</td><td>层数/建筑面积</td><td colspan="2">11层/10733m²</td></tr>
<tr><td colspan="2">施工单位</td><td>××建设集团有限公司</td><td>技术负责人</td><td>×××</td><td>开工日期</td><td colspan="2">××年×月×日</td></tr>
<tr><td colspan="2">项目经理</td><td>×××</td><td>项目技术负责人</td><td>×××</td><td>竣工日期</td><td colspan="2">××年×月×日</td></tr>
<tr><td>序号</td><td colspan="2">项　　目</td><td colspan="3">验 收 记 录</td><td colspan="2">验 收 结 论</td></tr>
<tr><td>1</td><td colspan="2">分部工程</td><td colspan="3">共 9 分部，经查 9 分部，符合标准及设计要求 9 分部</td><td colspan="2">经各专业分部工程验收，工程质量符合验收标准</td></tr>
<tr><td>2</td><td colspan="2">质量控制资料核查</td><td colspan="3">共 40 项，经审查符合要求 40 项，经核定符合规范要求 40 项</td><td colspan="2">质量控制资料经核查共 40 项符合有关规范要求</td></tr>
<tr><td>3</td><td colspan="2">安全和主要使用功能核查及抽查结果</td><td colspan="3">共核查 26 项，符合要求 26 项，共抽查 10 项，符合要求 10 项，经返工处理符合要求 0 项</td><td colspan="2">安全和主要使用功能共核查 26 项符合要求，抽查其中 10 项使用功能均满足</td></tr>
<tr><td>4</td><td colspan="2">观感质量验收</td><td colspan="3">共抽查 24 项，符合要求 24 项，不符合要求 0 项</td><td colspan="2">观感质量验收为好</td></tr>
<tr><td>5</td><td colspan="2">综合验收结论</td><td colspan="5">经对本工程综合验收，各分项分部工程符合设计要求，施工质量均满足有关质量验收规范和标准要求，单位工程竣工验收合格</td></tr>
<tr><td rowspan="2">参加验收单位</td><td colspan="2">建设单位
（公章）</td><td colspan="2">监理单位
（公章）</td><td colspan="2">施工单位
（公章）</td><td>设计单位
（公章）</td></tr>
<tr><td colspan="2">单位(项目)负责人：
×××
××年×月×日</td><td colspan="2">总监理工程师：
×××
××年×月×日</td><td colspan="2">单位负责人：
×××
××年×月×日</td><td>单位(项目)负责人：
×××
××年×月×日</td></tr>
</table>

【填写说明】

1. 相关规定及要求

《单位（子单位）工程质量综合验收》是由分部工程质量、质量控制资料、安全和主要使用功能、观感四方面综合评定的。

单位工程完工，施工单位组织自检合格后，应报请监理单位进行工程预验收，通过后向建设单位提交工程竣工报告并填报《单位（子单位）工程质量竣工验收记录》。建设单位应组织设计单位、监理单位、施工单位等进行工程质量竣工验收并记录，验收记录上各单位必须签字并加盖公章。

（1）分部工程质量

分部工程质量验收，其目的是突出施工过程的质量控制。把分项工程质量的验收作为保证分部工程和单位工程质量的基础，哪个分项工程质量达不到验收标准，必须进行返工或修理等处理达到合格后才能进行交工。这样分部工程质量才有保障，各分部工程的质量保证了，单位工程的质量才有保证。

（2）质量控制资料

质量控制资料核查其目的是强调建筑结构设备性能、使用功能方面主要技术性能的检验。每个验收批都规定了“主控项目”、“一般项目”，并提出了主要技术性能的要求。但是，由于分项工程的局限性，对一些主要性能的表现不够明确和全面。如混凝土分项工程的混凝土强度、砌砖分项工程的砂浆强度，一个分项工程，一般只有一组或几组混凝土或砂浆试块，这样在分项工程中就无法执行混凝土、砂浆强度评定中的平均值和最小值的规定，检查单位工程的质量保证资料，才能对主要技术性能进行系统的检验评定。又如一个空调系统也只有单位工程才能综合调试，才能取得需要的数据。

同时，对一个单位工程全面进行质量控制资料核验，还可以防止局部错漏，从而进一步加强工程质量的控制。对建筑设备进行系统的核验，以便于同设计要求对照检查，达到设计效果。

（3）安全和功能检验资料核查

安全和使用功能是单位工程最为重要的环节，是用户最为关心的内容。涉及安全和使用功能的地基基础、主体结构、有关安装分部工程应进行有关见证取样或抽样检测，在核查资料时，要特别关注。到工程最后竣工验收时，还要对分部工程验收时的见证抽样报告进行复核，抽查检验，用这种强化验收的手段来体现对安全和主要使用功能的重视。

如：现场预应力混凝土试验。

1）应有预应力锚夹具出厂合格证及硬度、锚固能力抽检试验报告。

2）预应力钢筋的各项试验资料及预应力钢丝镦头强度抽检记录。

（4）工程观感质量检查

工程观感质量检查，是在工程全部竣工后进行的一项重要验收工作，这是全面评价一个单位工程的外观及使用功能质量，促进施工过程的管理、成品保护，以提高社会效益和环境效益。观感质量检查绝不是单纯的外观检查，而是实地对工程的一个全面检查，核实质量控制资料，核查验收批分项、分部工程验收的正确性，对在分项工程中不能检查的项目进行检查等。如工程完工绝大部分荷载已经上去，工程有没有不均匀下沉、有没有出现裂缝等，直观地从宏观上核实工程的安全可靠性能和使用功能，若出现不应出现的裂缝和严重影响使用功能的情况应首先弄清原因，然后再综合评价。地面严重空鼓、起砂、墙面空鼓粗糙、门窗开关不灵、关闭不严等项目的质量缺陷很多，就说明在该分项、分部工程验收时，掌握标准不严。分项分部无法测定和不便测定的项目，在单位工程观感检查中，给予核查。

2. 责任部门

项目质量部、技术部。

3. 填写与主要签认责任

施工单位负责人。

4. 填写要点

(1)“分部工程”栏根据各《分部（子分部）工程质量验收记录》填写。应对所含各分部工程，由竣工验收组成员共同逐项核查。对表中内容如有异议，应对工程实体进行检查或测试。

核查并确认合格后，由监理单位在“验收记录”栏注明共验收了几个分部，符合标准及设计要求的有几个分部，并在右侧的“验收结论”栏内，填入具体的验收结论。

(2)“质量控制资料核查”栏根据《单位（子单位）工程质量控制资料核查记录》的核查结论填写。建设单位组织由各方代表组成的验收组成员，或委托总监理工程师，按照《单位（子单位）工程质量控制资料核查记录》的内容，对资料进行逐项核查。确认符合要求后，在《单位（子单位）工程质量竣工验收记录》右侧的“验收结论”栏内，填写具体验收结论。

(3)“安全和主要使用功能核查及抽查结果”栏根据《单位（子单位）工程安全和功能检验资料核查及主要功能抽查记录》的核查结论填写。对于分部工程验收时已经进行了安全和功能检测的项目，单位工程验收时不再重复检测。

但要核查以下内容；

1) 单位工程验收时按规定、约定或设计要求，需要进行的安全功能抽测项目是否都进行了检测；具体检测项目有无遗漏。

2) 抽测的程序、方法是否符合规定。

3) 抽测结论是否达到设计及规范规定。

经核查认为符合要求的，在《单位（子单位）工程质量竣工验收记录》中的“验收结论”栏填入符合要求的结论。如果发现某些抽测项目不全，或抽测结果达不到设计要求，可进行返工处理，使之达到要求。

(4)“观感质量验收”栏根据《单位（子单位）工程观感质量检查记录》的检查结论填写。参加验收的各方代表，在建设单位主持下，对观感质量抽查，共同做出评价。如确认没有影响结构安全和使用功能的项目，符合或基本符合规范要求，应评价为“好”或“一般”。如果某项观感质量被评价为“差”，应进行修理。如果确定难修理时，只要不影响结构安全和使用功能的，可采用协商解决的方法进行验收，并在验收表上注明。

(5)“综合验收结论”栏应由参加验收各方共同商定，并由建设单位填写，主要对工程质量是否符合设计和规范要求及总体质量水平做出评价。

5. 提交时限

业主组织单位竣工验收前完成提交。

6. 检查要点

(1) 返工重做包括全部或局部推倒重来及更换设备、器具等的处理，处理或更换后，应重新按程序进行验收。如某住宅楼一层砌砖，验收时，发现砖的强度等级为MU5，达不到设计要求的MU10，推倒后重新使用MU10砖砌筑，其砖砌体工程的质量，应重新按程序进行验收。

重新验收质量时，要对该项目工程按规定，重新抽样、选点、检查和验收，重新填检验批质量验收记录表。

（2）经法定检测单位检测鉴定能够达到设计要求的检验批，应予验收。这种情况多是某项质量指标不够，多数是指留置的试块失去代表性，或因故缺少试块的情况，以及试块试验报告缺少某项有关主要内容，也包括对试块或试验结果报告有怀疑时，经有资质的检测机构，对工程进行检验测试。其测试结果证明，该检验批的工程质量能够达到原设计要求的。这种情况应按正常情况给予验收。

（3）经有资质的检测单位检测鉴定达不到设计要求，但经过原设计单位核算，认可能够满足结构安全和使用功能的检验批，可予以验收。

这种情况与第二种情况一样，多是某项质量指标达不到规范的要求，多数也是指留置的试块失去代表性，或是因故缺少试块的情况，以及试块试验报告有缺陷，不能有效证明该项工程的质量情况，或是对该试验报告有怀疑时，要求对工程实体质量进行检测。经有资质的检测单位检测鉴定达不到设计要求，但这种数据距达到设计要求的差距有限，不是差距太大。经过原设计单位进行验算，认为仍可满足结构安全和使用功能，可不进行加固补强。如原设计计算混凝土强度为27MPa，而选用了C30混凝土，经检测的结果是29MPa，虽未达到C30的要求，但仍能大于27MPa是安全的。又如某五层砖混结构，一、二、三层用M10砂浆砌筑，四、五层为M5砂浆砌筑。在施工过程中，由于管理不善等，其三层砂浆强度仅达到7.4MPa，没达到设计要求，按规定应不能验收，但经过原设计单位验算，砌体强度尚可满足结构安全和使用功能，可不返工和加固。由设计单位出具正式的认可证明，有注册结构工程师签字，并加盖单位公章。由设计单位承担质量责任。因为设计责任就是设计单位负责，出具认可证明，也在其质量责任范围内，可进行验收。以上三种情况都应视为是符合规范规定质量合格的工程。只是管理上出现了一些不正常的情况，使资料证明不了工程实体质量，经过补办一定的检测手续，证明质量是达到了设计要求，给予通过验收是符合规范规定的。

（4）经过返修或加固处理的分项、分部工程，虽改变外形尺寸，但仍能满足安全使用要求，可按技术处理方案和协商文件进行验收。

这种情况多数是某项质量指标达不到验收规范的要求，如同第二、三种情况，经过有资质的检测单位检测鉴定达不到设计要求，由其设计单位经过验算，也认为达不到设计要求，经过验算分析，找出了事故原因，分清了质量责任，同时，经过建设单位、施工单位、监理单位、设计单位等协商，同意进行加固补强，并协商好，加固费用的来源、加固后的验收等事宜，由原设计单位出具加固技术方案，通常由原施工单位进行加固，虽然改变了个别建筑构件的外形尺寸，或留下永久性缺陷，包括改变工程的用途在内，应按协商文件验收，也是有条件的验收，由责任方承担经济损失或赔偿等。这种情况实际是工程质量达不到验收规范规定，应算在不合格工程的范围。但在《建设工程质量管理条例》的第24条、第32条等条都对不合格工程的处理做出了规定，根据这些条款，提出技术处理方案（包括加固补强），最后能达到保证安全和使用功能，也是可以通过验收的。为了维护国家利益，不能出了质量事故的工程都推倒报废。只要能保证结构安全和使用功能的，仍作为特殊情况进行验收。这是一个给出路的做法，不能列入违反《建设工程质量管理条例》的范围内。但加固后必须达到保证结构安全和使用功能。例如，有一些工程达不到设计要求，经过验算满足不了结构安全和使用功能要求，需要进行加固补强，但加固补强后，改变了外形尺寸或造成永久性缺陷。这是指经过补强加大了截面，增大了体积，设置了支撑，加设了牛腿等。使原设计的外形尺寸有了变化。如墙体强度严重不足，采用双面加钢筋网灌喷豆石混凝土补强，加厚了墙体，缩小了房间的使用面积等。

造成永久性缺陷是指通过加固补强后，只是解决了结构性能问题，而其本质并未达到原设计要求的，均属造成永久性缺陷。如某工程地下室发生渗漏水，采用从内部增加防水层堵漏，满足了使用要求，但却使那部分墙体长期处于潮湿甚至水饱和状态；又如某工程的空心楼板的型号用错，以小代大，虽采取在板缝中加筋和在上边加铺钢筋网等措施，使承载力达到设计要求，但总是留下永久性缺陷。

以上两种情况，其工程质量不能正常验收，因上述情况，该工程的质量虽不能正常验收，但由于其尚可满足结构安全和使用功能要求，对这样的工程质量，可按协商验收。

（5）通过返修加固处理仍不能满足安全使用要求的分部（子分部）工程、单位（子单位）工程，严禁验收这种情况是非常少的，但确实是有的。这种情况通常是在制订加固技术方案之前，就知道加固补强措施效果不会太好，或是不值得加固处理，或是加固后仍达不到保证安全、功能的情况，严禁验收。这种情况就应该坚决拆掉，不要再花大的代价来加固补强。

6.0.18 钢结构工程质量控制资料核查记录

《钢结构工程质量控制资料核查记录》填写范例见表 6-32。

钢结构子分部工程质量控制资料核查记录 表 6-32

工程名称	××工程	施工单位	××钢结构工程有限公司	
序号	资料名称	份数	检查意见	核查人
1	图纸会审、设计变更、洽商记录	5	图纸会审、设计变更、洽商记录齐全，清楚	×××
2	原材料出厂合格证及进场检验报告	34	合格证齐全，有进场检验报告	×××
3	施工现场试验报告及见证取样报告	45	报告齐全，符合要求	×××
4	强制性条文要求的检查项目检查记录	7	检查记录齐全	×××
5	隐蔽工程验收记录	29	隐蔽工程验收记录齐全	×××
6	高强度螺栓施工记录、其他施工记录（或日志）等	21	各种施工记录齐全，符合要求	×××
7	分项工程检验批质量验收记录、分项工程质量验收记录	30	质量验收符合规范规定	×××
8	不合格项的处理记录验收记录	/	无不合格项	×××
9	重大质量、技术问题的实施方案	/	无重大质量、技术问题	×××
10	新材料、新工艺施工记录	3	符合要求	×××
结论： 通过钢结构工程质量控制资料核查，该工程资料齐全、有效，符合有关规范规定 施工单位项目经理：××× 施工负责人：××× ××年×月×日			验收意见： 验收合格 总监理工程师：××× （建设单位项目负责人） ××年×月×日	

【填写说明】

1. 相关规定及要求

单位（子单位）工程质量控制资料是单位工程综合验收的一项重要内容，《建筑工程施工质量验收统一标准》GB 50300—2001 中规定了按专业分共计 48 项内容。其中建筑与结构 11

项；给水排水与采暖7项；建筑电气7项；通风与空调8项；电梯7项；建筑智能化8项。

这些资料记录汇总了各分项工程有关保证单位工程结构安全、使用功能和使用安全的主要内容。其每一项资料包含的内容，就是单位工程包含的有关分项工程中检验批主控项目，一般项目要求内容的汇总。在验收标准各分项工程检验批中都有要求。所评定的单位工程中，包括哪些分项，就检查哪些分项工程的内容。

所用原材料，要有出厂合格证、试验单或记录单，其内容应齐全，数据准确、真实；抄件应注明原件存放单位，并有抄件人的签字，抄件单位的公章。

2. 责任部门

项目技术部、资料员。

3. 填写与主要签认责任

各专业负责人、项目经理。

4. 提交时限

施工企业内部竣工预验收前完成。

6.0.19 钢结构工程安全和功能检查资料核查及主要功能抽查记录

《钢结构工程安全和功能检查资料核查及主要功能抽查记录》填写范例见表6-33。

钢结构子分部工程安全和功能检查资料核查及主要功能抽查记录　　表6-33

<table>
<tr><td>工程名称</td><td colspan="2">××工程</td><td>施工单位</td><td colspan="3">××钢结构工程有限公司</td></tr>
<tr><td>序号</td><td colspan="3">资料名称</td><td>份数</td><td>检查意见</td><td>核查人</td></tr>
<tr><td>1</td><td colspan="3">见证取样送样试验报告
(1)钢材及焊接材料复验
(2)高强度螺栓预拉力、扭矩系数复验
(3)摩擦面抗滑移系数复验
(4)网架节点承载力试验</td><td>36</td><td>符合要求</td><td>×××</td></tr>
<tr><td>2</td><td colspan="3">焊缝质量检测报告
(1)内部缺陷
(2)外观缺陷
(3)焊缝尺寸</td><td>10</td><td>符合要求</td><td>×××</td></tr>
<tr><td>3</td><td colspan="3">高强度螺栓施工质量检查记录
(1)终拧扭矩
(2)梅花头检查
(3)网架螺栓球节点</td><td>17</td><td>符合要求</td><td>×××</td></tr>
<tr><td>4</td><td colspan="3">柱脚及网架支座检查记录
(1)锚栓紧固
(2)垫板、垫块
(3)二次灌浆</td><td>9</td><td>符合要求</td><td>×××</td></tr>
<tr><td>5</td><td colspan="3">主要构件变形检查记录
(1)钢屋(托)架、桁架、钢梁、吊车梁等垂直度和侧向弯曲
(2)钢柱垂直度
(3)网架结构挠度</td><td>8</td><td>符合要求</td><td>×××</td></tr>
<tr><td>6</td><td colspan="3">主体结构尺寸检查记录
(1)整体垂直度
(2)整体平面弯曲</td><td>2</td><td>符合要求</td><td>×××</td></tr>
<tr><td colspan="3">结论：
有关安全及功能检验和见证检测项目资料齐全，符合《钢结构工程施工质量验收规范》GB 50205—2001的规定
施工单位项目经理：×××　　2007年×月×日</td><td colspan="4">验收合格

总监理工程师：×××
（建设单位项目负责人）　　2007年×月×日</td></tr>
</table>

【填写说明】

1. 相关规定及要求

（1）建筑工程投入使用，最为重要的是要确保安全和满足功能性要求。涉及安全和使用功能的分部工程应有检验资料，施工验收对能否满足安全和使用功能的项目进行强化验收，对主要项目进行抽查记录，填写《单位（子单位）工程安全和功能检验资料核查及主要功能抽查记录》。

（2）抽查项目是在核查资料文件的基础上，由参加验收的各方人员确定，然后按有关专业工程施工质量验收标准进行检查。

（3）安全和功能的各项主要检测项目，表中已经列明。如果设计或合同有其他要求，经监理认可后可以补充。

安全和功能的检测，如果条件具备，应在分部工程验收时进行。分部工程验收时凡已经做过的安全和功能检测项目，单位工程竣工验收时不再重复检测。只核查检测报告是否符合有关规定。如：核查检测项目是否有遗漏；抽测的程序、方法是否符合规定；检测结论是否达到设计及规范规定；如果某个项目抽测结果达不到设计要求，应允许进行返工处理，使之达到要求再填表。

2. 责任部门

项目技术部、资料员。

3. 填写与主要签认责任

各专业负责人、项目经理。

4. 填写要点

（1）本表由施工单位按所列内容检查并填写份数后，提交给监理单位。

（2）本表其他栏目由总监理工程师或建设单位项目负责人组织核查、抽查并由监理单位填写。

（3）监理单位经核查和抽查，如果认为符合要求，由总监理工程师在表中的“结论”栏填入综合性验收结论，并由施工单位项目经理签字确认。

5. 提交时限

施工企业内部竣工预验收前完成。

6.0.20 钢结构工程观感质量检查记录

《钢结构工程观感质量检查记录》填写范例见表 6-34。

钢结构子分部工程观感质量检查记录　　表 6-34

<table>
<tr><td colspan="2">工程名称</td><td colspan="5">××工程</td><td colspan="3">施工单位</td><td colspan="5">××钢结构工程有限公司</td></tr>
<tr><td rowspan="2">序号</td><td rowspan="2">项目</td><td colspan="10" rowspan="2">抽查情况</td><td colspan="3">质量评价</td></tr>
<tr><td>好</td><td>一般</td><td>差</td></tr>
<tr><td>1</td><td>普通涂层表面</td><td>√</td><td>○</td><td>√</td><td>√</td><td>√</td><td>√</td><td>√</td><td>√</td><td></td><td></td><td>√</td><td></td><td></td></tr>
<tr><td>2</td><td>防火涂层表面</td><td>√</td><td>√</td><td>√</td><td>√</td><td>√</td><td>√</td><td>√</td><td>√</td><td>√</td><td>√</td><td>√</td><td></td><td></td></tr>
<tr><td>3</td><td>压型金属板表面</td><td>√</td><td>√</td><td>√</td><td>√</td><td>√</td><td>○</td><td>√</td><td>√</td><td>√</td><td>√</td><td>√</td><td></td><td></td></tr>
<tr><td>4</td><td>钢平台、钢梯、钢栏杆</td><td>√</td><td>√</td><td>○</td><td>√</td><td>√</td><td>√</td><td>√</td><td>√</td><td>○</td><td>√</td><td>√</td><td></td><td></td></tr>
<tr><td colspan="3">观感质量综合评价</td><td colspan="12">好</td></tr>
<tr><td colspan="7">检查结论：
该工程观感质量综合评价为好，检查合格
施工单位项目经理：×××
××年×月×日</td><td colspan="8">验收合格
总监理工程师：×××
（建设单位项目负责人）
××年×月×日</td></tr>
</table>

【填写说明】

工程观感质量检查，是在工程全部竣工后进行的一项重要验收工作，这是全面评价一个单位工程的外观及使用功能质量，促进施工过程的管理、成品保护，以提高社会效益和环境效益。观感质量检查绝不是单纯的外观检查，而是实地对工程的一个全面检查。

观感质量评价是分部（子分部）、单位（子单位）工程验收中的一项重要内容，观感质量评价分为“好”、“一般”、“差”三级。

工程观感质量评价的标准

（1）钢结构

1）安装横平竖直，连接紧密、牢固，表面干净无锈蚀、麻点或明显划痕、褶皱、过烧等缺陷；

2）切割面、剪切面无裂纹、夹渣、分层和大于 1mm 的缺棱；

3）焊钉、螺栓连接对孔准确，排列整齐，不应有飞边、毛刺、污垢等；

4）焊缝外形均匀，成型较好，焊道与焊道、焊道与基本金属间过渡较平滑、焊渣及飞溅物基本清理干净；

5）钢构件不应出现下挠和其他不应有的变形。

（2）普通涂层表面

不应误涂、漏涂，涂层不应脱皮和返锈、涂层应均匀、无明显皱皮、流坠、针眼和气泡。

（3）防火涂层表面

1）薄涂型防火涂料涂层表面裂纹宽度不应大于 0.5mm，厚涂型防火涂料涂层表面裂纹宽度不应大于 1mm；

2）涂装基层不应有油污、灰尘和泥砂等污垢；

3）涂料不应有误涂、漏涂，涂层应闭合无脱层、空鼓、明显凹陷、粉化松散和浮浆等外观缺陷。乳突已剔除。

（4）压型金属板

表面应平整、顺直，不应有施工残留物和污物。檐口和墙面下端应呈直线，不应有未经处理的错钻孔洞。

（5）钢平台、钢梯、钢栏杆

钢平台、钢梯、钢栏杆安装应横平、竖直、连接紧密、牢固、无明显外观缺陷（同钢结构工程）。

6.0.21 钢结构工程竣工预验收报验表

《钢结构工程竣工预验收报验表》填写范例见表 6-35。

单位工程竣工预验收报验表 **表 6-35**

<table>
<tr><td colspan="2">单位工程竣工预验收报验表</td><td>资料编号</td><td></td></tr>
<tr><td>工程名称</td><td>××工程</td><td>日期</td><td>××年×月×日</td></tr>
<tr><td colspan="4">致 ××建设监理公司 (监理单位):

我方已按合同要求完成了 ××工程 ,经自检合格,请予以检查和验收。
附件:
单位工程竣工资料

施工单位名称:××建设集团有限公司 项目经理(签字):×××</td></tr>
<tr><td colspan="4">审查意见:

经预验收,该工程:
1.☑符合□不符合 我国现行法律、法规要求;
2.☑符合□不符合 我国现行工程建设标准;
3.☑符合□不符合 设计文件要求;
4.☑符合□不符合 施工合同要求。

综上所述,该工程预验收结论: ☑合格 □不合格
可否组织正式验收: ☑可 □否

监理单位名称:××建设监理公司(盖章) 总监理工程师(签字):××× 日期:××年×月×日</td></tr>
</table>

注:本表由施工单位填写。

【填写说明】

1. 相关规定及要求

(1) 施工单位在单位工程完工,经自检合格并达到竣工验收条件后,填写《单位工程竣工预验收报验表》,并附相应的竣工资料(包括分包单位的竣工资料)报项目监理部,申请工程竣工预验收。

(2) 总监理工程师应组织专业监理工程师,依据有关法律、法规、工程建设强制性标准、设计文件及施工合同,对承包单位报送的竣工资料进行审查,并对工程质量进行竣工预验收。对存在的问题,应及时要求承包单位整改。整改完毕由总监理工程师签署工程竣工报验单,并应在此基础上提出工程质量评估报告。工程质量评估报告应经总监理工程师和监理单位技术负责人审核签字。

(3) 项目监理机构应参加由建设单位组织的竣工验收,并提供相关监理资料。对验收中提出的整改问题,项目监理机构应要求承包单位进行整改。工程质量符合要求,由总监理工程师会同参加验收的各方签署竣工验收报告。

2. 审核资料

单位工程竣工资料应包括《分部(子分部)工程质量验收记录》、《单位(子单位)工程质量控制资料核查记录》、《单位(子单位)工程安全和功能检验资料核查及主要功能抽查记录》、《单位(子单位)工程观感质量检查记录》等。

3. 填写要点

(1) 承包单位申报栏,由项目经理签字。

(2) 监理单位审查意见栏由总监理工程师签字。

6.0.22　钢结构工程竣工质量报告

工程竣工质量报告示例如下：

工程竣工质量报告

一、工程概况

××大厦工程位于北京市××区××路××号，所处地理位置优越繁华，交通四通八达，工程四周为草坪、绿树成荫，环境优美。该大厦由××集团开发有限公司投资开发，××地质工程勘察院勘察，××建筑设计院设计，××建设集团有限公司施工，××建设监理公司监理。

该大厦为商业、办公、公寓一体化建筑，地上19层，地下2层。其中包括人防工程，首层为商业用房，2～4层可兼做办公使用，5层以上为住宅公寓，总建筑面积为41264mm^2。

二、施工主要依据

1. 合同范围内的全部工程及所有设计图纸及符合设计的(变更)文件；

2. 分项、分部、单位工程质量满足合同要求，执行国家《建筑安装工程质量检验评定标准》及《建筑安装分项工程施工工艺规程》；

3. 设备安装、调试符合现行有关规范、标准，并满足合同要求；

4. 管理体系以ISO 9001:2000标准和公司的质量文件为依据，严格执行施工图纸文件，合同要求及国家的有关法律法规；

5. 工程建设监理规程及市建委××号文件；

6. 建筑安装工程资料管理规程等有关文件。

三、工程技术措施及质量情况

自工程开始，我单位始终坚持精心组织、精心指挥、精心管理的方针，充分发挥工程技术人员的积极作用，开动脑筋采用新施工技术和新的施工方法，应用新材料新产品共计38项：

1. 结构工程18项；

2. 钢结构施工技术2项；

3. 装修阶段的施工技术12项；

4. 其他项目6项。

由于可行的技术措施及新技术应用，使工程技术质量有所保证，并保证工程的工期，提高了经济效益，有步骤有计划地实现质量目标。

基础及主体结构工程仅用了近10个月就全部完成，其质量等级达到优良。至2007年5月止，完成规定全部设计图纸及洽商的内容。在施工过程中我单位始终坚持把工程质量放在各项工作的首位，牢记企业质量方针：保合同重管理，塑造顾客期望的艺术品，统一协调管理，重点把关控制，积极与工程监理及建设等单位的配合，加强对分包单位的统一调度，统一协调，统一管理，严把质量关，最终达到和实现质量目标，并深受大厦各用户的一致好评，该工程由于参建各单位的共同努力，土建分部优良率均达70%以上，设备机电安装分部优良率均达80%以上，该工程竣工观感质量评定91分。详见工程质量综合评定有关资料。

技术、质量资料及施工管理资料，严格按《建筑安装分项工程施工工艺规程》施工，按《建筑工程施工质量验收统一标准》及《建筑工程资料管理规程》规定的内容评定和收集整理。该工程经自检评定符合设计文件及合同要求，工程质量符合有关法律、法规及工程建设强制性标准，对在施过程中质检机构提出的质量问题都做了处理。现已整改完毕，经复查符合要求。

该工程现已完成施工合同的全部内容，工程质量达到了国家验评标准的等级，特向××集团开发有限公司提出申请，要求对××大厦工程进行工程竣工验收。

总监：×××

施工负责人：××
××集团有限责任公司
××年×月×日